中等职业教育计算机应用系列规划教材

综合布线工程案例教程

主编　张　亮

中国人民大学出版社
·北京·

图书在版编目（CIP）数据

综合布线工程案例教程/张亮主编．—北京：中国人民大学出版社，2014.5
中等职业教育计算机应用系列规划教材
ISBN 978-7-300-19310-6

Ⅰ.①综…　Ⅱ.①张…　Ⅲ.①计算机网络-布线-中等专业学校-教材　Ⅳ.①TP393.03

中国版本图书馆 CIP 数据核字（2014）第 108333 号

中等职业教育计算机应用系列规划教材
综合布线工程案例教程
主编　张　亮

出版发行	中国人民大学出版社		
社　　址	北京中关村大街 31 号	**邮政编码**	100080
电　　话	010－62511242（总编室）		010－62511770（质管部）
	010－82501766（邮购部）		010－62514148（门市部）
	010－62515195（发行公司）		010－62515275（盗版举报）
网　　址	http://www.crup.com.cn		
	http://www.ttrnet.com（人大教研网）		
经　　销	新华书店		
印　　刷	唐山玺诚印务有限公司		
规　　格	185mm×260mm　16 开本	**版　　次**	2014 年 5 月第 1 版
印　　张	10.25	**印　　次**	2021 年12月第 4 次印刷
字　　数	220 000	**定　　价**	26.00 元

前　言

计算机专业是天津市经济贸易学校国家示范性中职院校建设项目中的重点建设专业，在建设过程中，项目组整合相关教学内容，开发了《综合布线工程案例教程》。

本书面向中等职业学校计算机网络专业学生，根据企业岗位需求，结合中职学生的特点而编写。本书从基本理论知识到相关的实际操作技能，以及布线工程的标准和相关测试验收方法等均进行了详细的介绍，通过图示方式逐步演示操作方法来展示布线工程施工过程，使读者能够由浅入深地全面了解整个综合布线系统的组成，并对综合布线系统中的各施工技能有一个全面而深入的认识。

全书分为 10 个模块：综合布线概述；系统集成管理；招投标；项目实践；子系统施工；测试及验收；常用设备及相关技术；综合布线工程图表及文档；预算；综合布线技能大赛案例。各模块内容既相互联系又相对独立，紧紧围绕项目施工中的实际问题，采用案例形式讲解布线工程设计与施工方法。其中模块一至模块三介绍综合布线相关基础知识、施工和管理流程及招投标内容；模块四至模块六讲解各个子系统的施工操作、施工标准及测试与验收方法；模块七至模块九介绍设备选型、预算及各种工程文档的编写方法；模块十介绍综合布线技能大赛案例。

本书由张亮主编并统稿，王平、周伟、樊明睿参编，其中模块一和模块二由王平编写，模块四和模块九由周伟编写，模块七由樊明睿编写，模块三、模块五、模块六、模块八和模块十由张亮编写。

在本书编写过程中，得到了上海企想信息技术有限公司、天津开创恒信科技有限公司、长城宽带网络服务有限公司天津分公司的大力支持和帮助，在此表示衷心的感谢！

由于编者水平有限，书中难免存在不足之处，敬请广大读者批评指正。

编　者

2014 年 3 月

目　录

模块一

综合布线概述

随着计算机技术、通信技术、控制技术和建筑技术的大力发展，智能大厦迅速崛起，而综合布线作为智能大厦的核心，其理论和技术也在不断地发展。综合布线与传统的布线方式相比，具有很大的优势。

案例一　综合布线与传统布线

案例描述

××市××学校第一教学楼在原有建筑的基础上进行网络综合布线升级改造，并加入到校园网络。相比于传统布线，综合布线具有其自身的特点。

学习目标

1. 了解综合布线的产生与发展。
2. 了解并掌握综合布线与传统布线的特点及区别。

理论知识

一、综合布线的产生与发展

综合布线的发展与建筑自动化系统密切相关。传统布线如语音、数据网络都是各自独立的，也就是说，传统布线的语音和数据网络不能相互转换，各系统分别由不同的厂商设

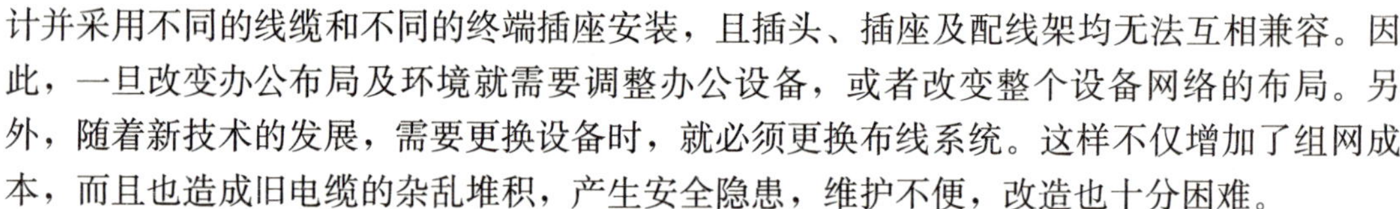

计并采用不同的线缆和不同的终端插座安装，且插头、插座及配线架均无法互相兼容。因此，一旦改变办公布局及环境就需要调整办公设备，或者改变整个设备网络的布局。另外，随着新技术的发展，需要更换设备时，就必须更换布线系统。这样不仅增加了组网成本，而且也造成旧电缆的杂乱堆积，产生安全隐患，维护不便，改造也十分困难。

传统布线一般采用串联方式，一旦对某点进行维护检修就有可能影响到整条网络通道的使用，这样直接造成了维护困难，为企业带来直接的经济损失。

随着全球社会信息化与经济国际化的深入发展，人们对信息共享的需求日趋迫切，就需要一个适合信息时代的布线方案。美国电话电报（AT&T）公司的贝尔（Bell）实验室的专家们在办公楼和工厂试验成功的基础上，于 20 世纪 80 年代末期率先推出 SYSTIMATMPDS（建筑与建筑群综合布线系统），现已推出结构化布线系统 SCS。该系统经中华人民共和国国家标准 GB/T 50311—2000（该标准已被 GB/T 50311—2007 替代）命名为综合布线（Generic Cabling System，GCS）。

二、综合布线的特点

综合布线与传统布线相比具有很多的优越性，在设计、施工和维护方面比较方便。

（一）兼容性

综合布线本身是独立的，与应用系统相对无关。比如：在传统布线中，可能会出现终端适配器的接口不同，所以相应的线缆可能不同，如果终端改变或发生位置变化，则必须更换接口或线缆。

综合布线可以将不同信号进行统一规划设计，将它们封装在标准的布线系统中进行传送即可。使用时，用户只需要将设备插入到信息插座，而无须定义信息插座的应用特性。

（二）开放性

综合布线采用开放式体系结构，能支持所有厂商的所有产品，并支持所有的网络结构。而在传统的布线中，如果用户选定了某些设备及传输方式，就相应地固定了布线方式及传输媒体，当用户需要更新哪怕是一台简单的设备，就有可能需要将原有的布线结构全部否定。这就好像计算机换了不同架构的 CPU 需要更换主板一样，将大大增加企业成本。

（三）透明性

现实生活中，不管我们现在使用的是什么样的手机，在打电话的时候只需要知道这个手机怎样拨号就可以了，没有必要知道到底电话之间是怎样通信的，这就是手机对用户透明。传统布线的结构固定，任何设备的变更都是困难或不可能的。在综合布线中，用户的任何设备都可以与信号点随意连接。

（四）模块化

人们的日常生活离不开电，但是用电也要保证安全，尤其是要在额定的标准内进行用电。当厨房的用电量过大，可能造成人们平时所说的“掉闸”现象，但谁都不希望客厅和卧室都出现“掉闸”现象。综合布线采用了模块化的结构，各个模块之间相互独立、互不影响，是一个有机的整体。即使在以后需要扩充接入时，也不会对整体结构造成影响。

（五）性价比

不论是国家、单位还是个人，对于要购买的任何产品都要考虑两个问题：价格和性能。“少花钱多做事”就是常说的性价比。人们在日常消费时都要考虑这些因素，对于资金上百万元甚至上千万元或更多的综合布线项目来讲，更希望它是一次性投资。传统布线对于后期的费用要求更高，费时费力，造成的损失更是无法衡量。

通过综合布线的以上特点可以得出结论：从使用上来讲，综合布线结构清晰，便于管理和维护；从兼容性来讲，综合布线兼容性能好，能满足不同的需求；从扩展性来讲，结构化的综合布线便于扩充。综上所述，综合布线性价比高，可靠性强。

需要注意的是，综合布线是一种预布线，能够满足较长时间的使用需求。寿命一般要求 10 年以上。

案例二　综合布线系统构成及设计等级

案例描述

综合布线系统是开放式结构，第一教学楼改造后需要支持电话及多种计算机数据系统，还需要能支持视频、广播、监控等系统。

学习目标

1. 了解并掌握综合布线系统的构成。
2. 了解并掌握综合布线子系统的功能。
3. 了解并掌握综合布线系统的设计等级。

理论知识

一、综合布线系统构成

结构化布线系统可由以下子系统组成：工作区子系统、水平配线子系统、垂直干线子系统、设备间子系统、管理间子系统及建筑群子系统。

（一）工作区子系统

工作区子系统实现工作区终端设备与水平子系统之间的连接，由终端设备连接到信息插座的连接线缆所组成，如图 1—1 所示。工作区子系统的设计主要考虑信息插座和适配器。

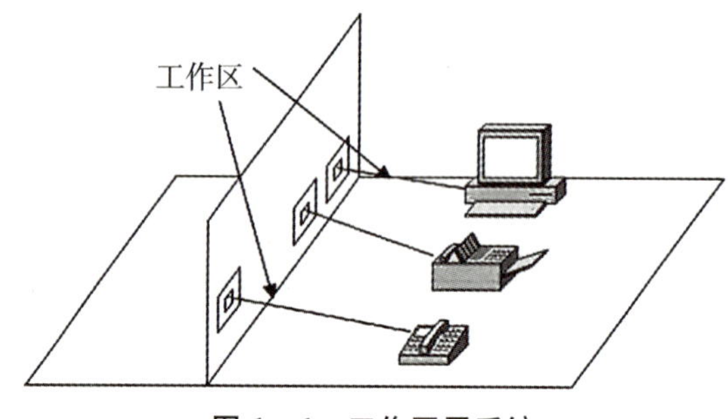

图 1—1　工作区子系统

（二）水平配线子系统

水平配线子系统，又称为配线子系统，由工作区的信息插座开始，经 4 对 UTP 水平布线到管理区的内侧配线架的线缆所组成，见图 1—2。

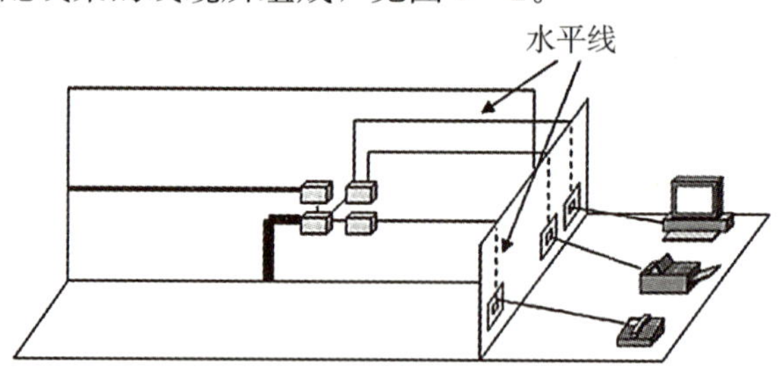

图 1—2　水平配线子系统

（三）垂直干线子系统

垂直干线子系统，又称为干线子系统，由设备间的配线设备和跳线以及设备间至各楼层配线间的连接电缆组成，呈星型拓扑。通过光缆及大对数线实现计算机设备、程控交换机（PBX）、控制中心与各管理子系统间的连接，见图 1—3。

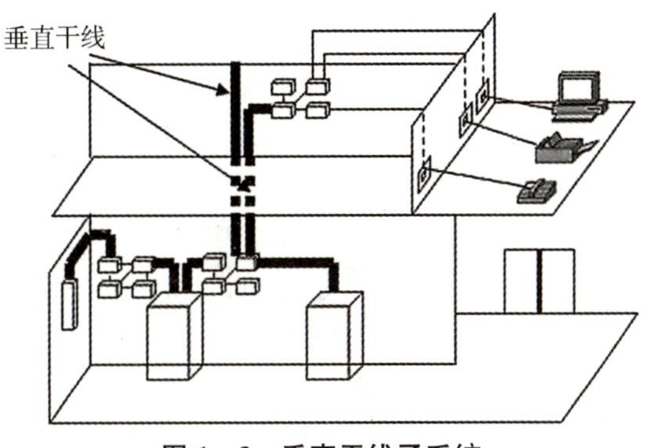

图 1—3　垂直干线子系统

（四）设备间子系统

设备间是在建筑物的特定位置设置进线设备、网络维护管理以及管理人员值班的场所。设备间子系统由综合布线系统的建筑物进线设备、语音、数据、主机等设备组成，见图 1—4。由于其处于网络的设备中心，所以对安全的要求较高。

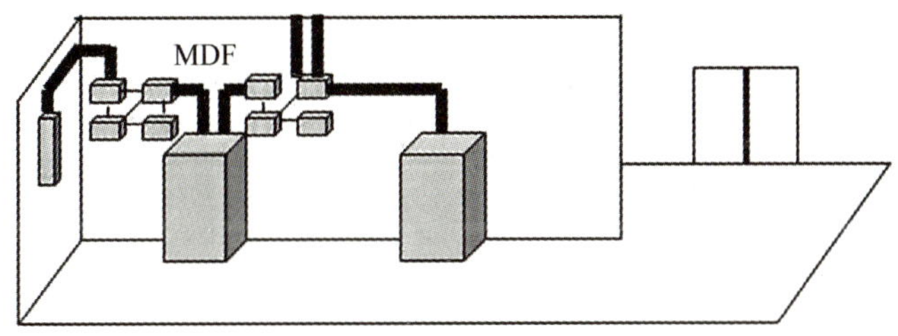

图 1—4　设备间子系统

（五）管理间子系统

管理间子系统，又称配线间子系统，设置在每层配线设备的房间内，一般应在同一位置，也可以两层之间进行共用。管理间子系统由交接间的配线设备、I/O 设备等组成，见图 1—5。对于小型布线工程，可能出现管理间子系统和设备间子系统共用的情况。

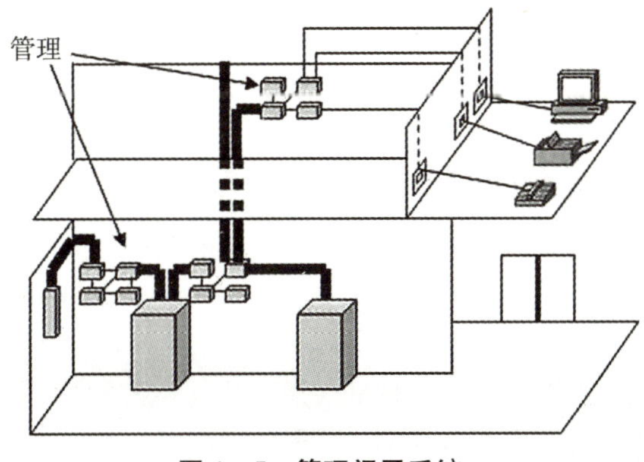

图 1—5　管理间子系统

(六) 建筑群子系统

建筑群子系统将一个建筑物的电缆延伸到建筑群其他建筑物的通信设备和装置上。由电缆、光缆和入楼处的过流过压电气保护设备等相关硬件组成，见图1—6。建筑群子系统常用介质是光缆。

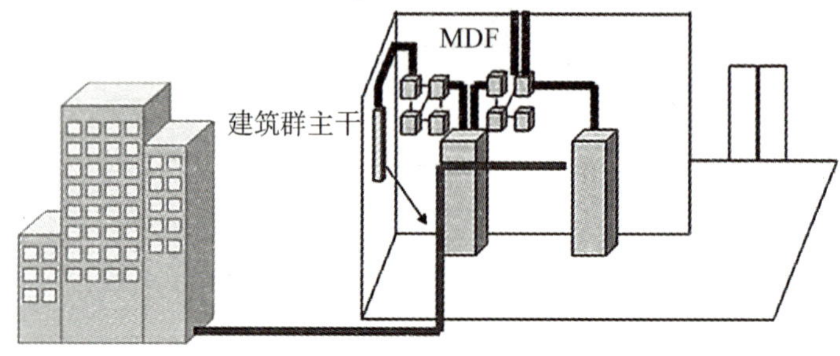

图1—6　建筑群子系统

需要注意的是，在《综合布线系统工程设计规范》(GB/T 50311—2007) 中，将进线间子系统作为一个独立的子系统。

二、综合布线系统的设计等级

在《综合布线系统工程设计规范》(GB/T 50311—2007) 中，将综合布线系统设计等级分为三种，分别为基本型、增强型、综合型。

(一) 基本型综合布线系统

1. 基本配置

(1) 每个工作区有1个信息插座；

(2) 每个信息插座使用1条4对双绞线线缆配线；

(3) 完全采用110A交叉连接硬件，与未来附加设备兼容；

(4) 每个工作区的干线电缆至少有2对双绞线。

2. 特性

(1) 支持所有语音和数据传输应用；

(2) 支持语音、综合型语音/数据高速传输；

(3) 便于维护人员维护、管理；

(4) 能够支持众多厂商的产品设备和特殊信息的传输。

(二) 增强型综合布线系统

1. 基本配置

(1) 每个工作区有2个以上信息插座；

(2) 每个信息插座均有水平布线4对UTP系统；

（3）具有 110A 交叉连接硬件；
（4）每个工作区的电缆至少有 8 对双绞线。

2. 特性

（1）每个工作区有 2 个信息插座，灵活方便、功能齐全；
（2）任何一个插座都可以提供语音和高速数据传输；
（3）便于维护及管理；
（4）能够为众多厂商提供服务环境的布线方案。

（三）综合型综合布线系统

1. 基本配置

（1）在建筑、建筑群的干线或水平布线子系统中配置 62.5μm 的光缆；
（2）每个工作区的电缆内配有 4 对双绞线；
（3）每个工作区的电缆中应有 2 对以上的双绞线。

2. 特性

（1）每个工作区有 2 个以上的信息插座，不仅灵活方便而且功能更加齐全；
（2）任何一个信息插座都可供语音和高速数据传输；
（3）有一个很好的环境，能为客户提供更多服务。

案例三　综合布线系统标准

案例描述

在综合布线施工过程中，应遵循一定的标准进行。标准分强制性和建议性两种，这些标准不仅对综合布线的施工流程及实施方法进行定义，并且对相关环境等因素也做出了具体的要求。

学习目标

1. 了解施工标准的意义。
2. 了解在综合布线中常见的标准。

一、我国综合布线标准的发展

（一）协会标准

1995 年，中国工程建设标准化协会颁布了我国第一部关于综合布线系统的设计规范《建筑与建筑群综合布线系统工程设计规范》（CECS 72∶95）。

1997 年，该协会颁布了新版《建筑与建筑群综合布线系统工程设计规范》（CECS 72∶97）和《建筑与建筑群综合布线系统工程施工及验收规范》（CECS 89∶97），与国际标准 ISO/IEC 11801∶1995（E）接轨，增加了抗干扰、防噪声污染、防火和防毒等方面的内容。

（二）行业标准

1997 年 9 月 9 日，我国通信行业标准《大楼通信综合布线系统》（YD/T 926—1997）正式发布，并于 1998 年 1 月 1 日起正式实施。

2001 年 10 月 19 日，我国信息产业部发布了修订版通信行业标准《大楼通信综合布线系统》（YD/T 926—2001），并于 2001 年 11 月 1 日起正式实施。2009 年，在此修订版的基础上又做了部分修改，YD/T 926—2009 标准替代了 2001 年修订的标准。

（三）国家标准

国家标准《建筑与建筑群综合布线系统工程设计规范》（GB/T 50311—2000）、《建筑与建筑群综合布线系统工程验收规范》（GB/T 50312—2000）于 1999 年底上报国家信息产业部、国家建设部、国家技术监督局审批，并于 2000 年 2 月 28 日发布，自 2000 年 8 月 1 日开始正式执行。国家标准《综合布线系统工程设计规范》（GB/T 50311—2007）自 2007 年 10 月 1 日起实施。

二、主要布线设计标准种类

（1）EIA/TIA 568A《商业建筑电信布线标准》（加拿大采用 CSA T529）。

（2）EIA/TIA 569《电信通道和空间的商业建筑标准》（加拿大采用 CSA T530）。

（3）EIA/TIA 570《住宅和 N 型商业电信布线标准》（加拿大采用 CSA T525）。

（4）TIA/EIA 606《商业及建筑物电信基础结构的管理标准》（加拿大采用 CSA T528）。

（5）TIA/EIA 607《商业大楼接地/连接要求》（加拿大采用 CSA T527）。

（6）ANSI/IEEE 802.5—1989《令牌环网访问方法和物理层规范》。

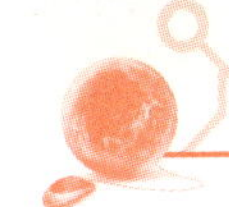

(7) GB/T 50311—2007《综合布线系统工程设计规范》。

(8) GB/T 50312—2007《综合布线系统工程验收规范》。

(9) CECS 72：97《建筑与建筑群综合布线系统工程设计规范》。

三、项目工程标准

办公网络集成布线方案设计应遵循布线系统性能、系统设计标准，布线施工工程应遵循布线测试、安装、管理标准及防火、机房及防雷接地标准，如：

(1) 北美标准 ANSI/EIA/TIA 568B《商用建筑通信布线标准》。

(2) 国际标准 ISO/IEC 11801《信息技术——用户通用布线系统》(第二版)。

(3)《国际电子电气工程师协会：CSMA/CD 接口方法》(IEEE 802.3)。

(4)《大楼通信综合布线系统　第 1 部分：总规范》(YD/T 926.1—2009)。

(5)《大楼通信综合布线系统　第 2 部分：电缆、光缆技术要求》(YD/T 926.2—2009)。

(6)《大楼通信综合布线系统　第 3 部分：连接硬件和接插软件技术要求》(YD/T 926.3—2009)。

(7)《综合布线系统工程设计规范》(GB/T 50311—2007)。

(8)《综合布线系统工程施工和验收规范》(GB/T 50312—2007)。

案例四　常用术语和符号

案例描述

综合布线是一个复杂、系统、庞大的工程。整个综合布线项目文档及现场施工的图纸中会运用到大量的专业术语、符号及英文名词。如果理解有偏差或理解错误，将对整个工程造成无法挽回的损失。

学习目标

1. 了解常用的术语和符号。
2. 深刻理解并掌握必要的术语和符号。

理论知识

在综合布线中，不论是材料、设备还是图纸等，都会涉及大量的综合布线标准所定义的英文术语，能够准确地掌握这些术语是一名合格的综合布线从业人员必须掌握的知识技能。在工程的设计、施工及验收环节中，一旦对专业术语理解错误，可能对工程造成无法挽回的损失。

专业术语、符号及缩略词是由《综合布线系统工程设计规范》（GB/T 50311—2007）及 IEIA/TIA 568A 定义。表 1—1 和表 1—2 只列举了部分内容，仅供参考，其他术语和符号请读者查阅相关标准。

表 1—1　　综合布线常用术语

术语	英文全称	中文解释
B-ISDN	Broadband ISDN	宽带综合业务数字网
CD	Campus Distributor	建筑群配线设备
FDDI	Fiber Distributed Data Interface	光纤分布式数据接口
FTTB	Fiber to the Building	光纤到大楼
FTTC	Fiber to the Curb	光纤到路边
FTTH	Fiber to the Home	光纤到家庭
ACR	Attenuation to Crosstalk Ratio	衰减与串扰比
GC	Generic Cabling	综合布线
IDF	Intermediate Distribution Frame	分配线架
IDS	Industrial Distribution System	工业布线系统
ITU	International Telecommunication Union	国际电信联盟
LE	Local Exchange	本地交换网
MDF	Main Distribution Frame	主配线架
MIC	Media Interface Connector	介质接口连接器
MIO	Multiuser Information Outlet	多用户信息插座
NEXT	Near End Crosstalk	近端串扰
O/E	Optical to Electrical Converter	光电转换器
OSI	Open Systems Interconnection	开放系统互连

表 1—2　　综合布线常用符号

符号	英文全称	中文解释
ATM	Asynchronous Transfer Mode	异步传输模式
BA	Building Automatization	楼宇自动化
BD	Building Distributor	建筑物配线设备
10BASE - T	10BASE - T	10Mbit/s 基于 2 对线应用的以太网

续前表

符号	英文全称	中文解释
100BASE－TX	100BASE－TX	100Mbit/s 基于 2 对线应用的以太网
100BASE－T4	100BASE－T4	100Mbit/s 基于 4 对线应用的以太网
100BASE－T2	100BASE－T2	100Mbit/s 基于 2 对线全双工应用的以太网
1 000BASE－T	1 000BASE－T	1 000Mbit/s 基于 4 对线全双工应用的以太网
100BASE－VG	100BASE－VG	100Mbit/s 基于 4 对线应用的需求优先级网络
CA	Communication Automatization	通信自动化
CP	Consolidation Point	集合点
CSMA/CD	Carrier Sense Multiple Access	用碰撞检测方式的载波访问多路
1BASE5	with Collision Detection 1BASE5	访问 1Mbit/s 基于粗电缆
dB	dB	电信传输单位：分贝

案例五　综合布线产品

案例描述

综合布线工程需要使用的材料和设备多种多样，并且同类设备又有不同的标准及规格。作为综合布线的设计施工人员，应了解综合布线的各类品牌产品，这样才能在设计和施工过程中保证品质。

学习目标

1. 了解并识别综合布线常用材料、设备及工具。
2. 了解综合布线产品知名品牌。

理论知识

当今市场综合布线产品较多，在产品的设计、制造、安装和维护上所遵循的基本标准主要有两种：美国标准 ANSI/EIA/TIA 568A/B《商用建筑电信布线标准》及国际标准化组织/国际电工委员会标准 ISO/IEC 11801《信息技术——用户通用布线系统》。

一、综合布线常用线缆

（一）双绞线及水晶头

双绞线一般分屏蔽和非屏蔽两类，主要用于制作跳线以传输用户数据，一般有两种线序标准。水晶头一般和双绞线同时使用，用于与设备或信息插座的接口，见图 1—7。

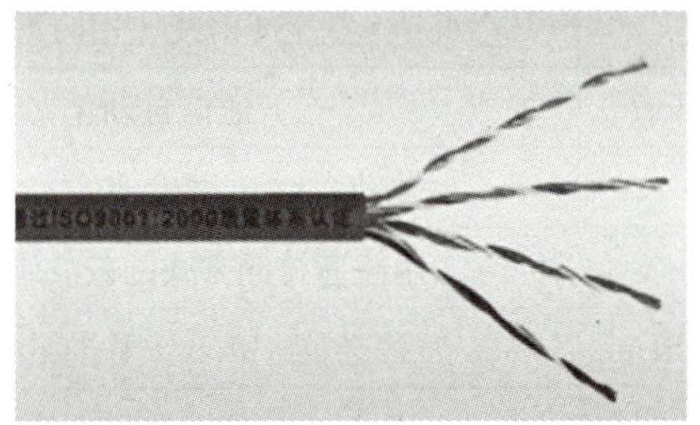

图 1—7　双绞线与水晶头

（二）光纤

光纤（见图 1—8）一般用于主干网络，分单模光纤和多模光纤两种类型。

图 1—8　光纤

（三）大对数线

大对数线（见图 1—9）一般用作语音信号传输，有 25 对、50 对、100 对等。

图 1—9　大对数线

（四）同轴电缆

同轴电缆（见图 1—10）一般用作有线电视传输，可分为粗缆和细缆。

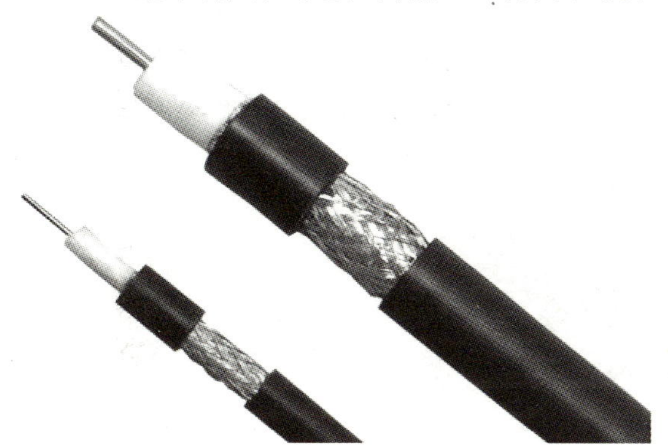

图 1—10　同轴电缆

二、常用管材

（一）管槽及其附件

管槽及其附件（见图 1—11）是综合布线工程中常用的材料，分为 PVC 及金属材质。主要用于工作区及干线系统的敷设。

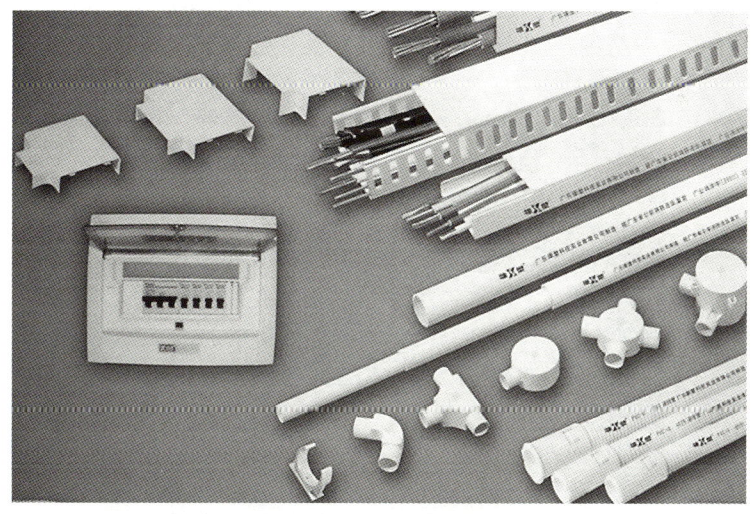

图 1—11　管槽及其附件

（二）桥架

桥架（见图 1—12）其实是线槽的一种技术变形，用于大量线缆的敷设及保护，不同的类型适用情况不同。另外桥架还有不同的材质可供不同情况下选用。

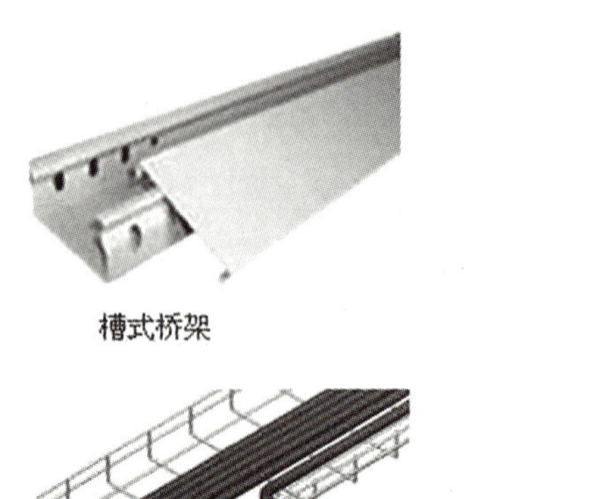

槽式桥架

梯式桥架

网格式桥架

托盘式桥架

图 1—12　桥架

三、常用设备

（一）机柜

机柜是网络设备及配线设备的安装场所。机柜可分为落地式（见图 1—13）和壁挂式，还可按照安装单位 U 来分类。

图 1—13　机柜

（二）配线架

配线架是用以在局端对前端信息点进行管理的模块化设备，见图 1—14。

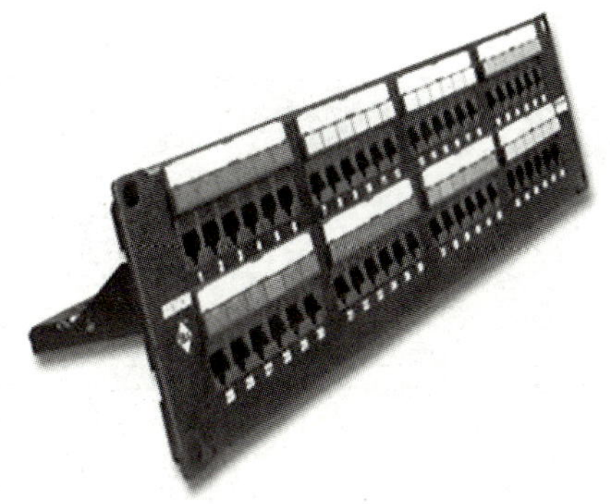

图 1—14　配线架

（三）模块及面板

模块和面板（见图 1—15）主要是为了提供用户接入网络的输入输出接口。

图 1—15　模块及面板

（四）光纤熔接机

光纤熔接机（见图 1—16）的主要功能是将切割好的两端光纤，按标准参数熔合连接，使光在线路正常传输信号。

图 1—16　光纤熔接机

（五）工具箱

工具箱是综合布线常用的工具，包括压线钳、测通仪、壁纸刀、螺丝刀、尺、剥线钳、尖嘴钳等工具，见图 1—17。

图 1—17　工具箱

四、综合布线品牌简介

（一）国外常见品牌

国外综合布线常见品牌有：康普（CommScope）、西蒙（Siemon）、安普（AMP）、耐克森（Nexans）、百盛（BAS）等。

（二）国内常见品牌

国内综合布线常见品牌有：普天、怡网、维康、TCL、瑞联、清华同方等。

模块小结

本模块主要从综合布线的特点、综合布线系统构成及设计等级、综合布线系统标准、综合布线常用术语和符号、综合布线产品等几个方面来介绍综合布线的基本知识。

练习

1. 综合布线与传统布线有什么区别？
2. 综合布线子系统构成及各子系统的作用是什么？
3. 注意观察身边建筑环境，试找出相应的子系统。

系统集成管理

当今，系统集成是信息服务业和智能化业中发展势头最猛的行业。作为一种新兴的服务方式，其本质是一个大型的综合计算机网络系统和与其相互支撑的各类硬件系统的总集成，其达到的最终目标为整体性能最优，并以低成本、高效、性能平衡、可扩充、可维护进行衡量。

案例一　需求分析

案例描述

××市××学校第一教学楼需进行网络综合布线升级改造。作为教学楼，一般应满足日常的教学、广播及监控功能。设计人员在设计施工前，应进行需求分析，了解用户需求。

学习目标

1. 了解需求分析的意义。
2. 了解并掌握需求分析遵循的原则。

理论知识

一、需求分析的必要性

对于设计单位，设计人员在进行综合布线系统工程设计前，为了把握用户的切实需

求，必须对用户的需求信息进行详细准确的收集和分析，这样才能正确地进行设计、施工并充分反映用户的要求。

对于本案例来说，施工对象是教学楼。在办公环境中，必须对用户的信息点数量、位置和学校的基本业务要求进行充分的了解，并根据实际的地理环境进行分析。分析的结果必须准确、真实，它将影响最终的设计、施工结果。

需要特别注意的是，设计方对于这些需求分析的结果，必须经过用户的确认。如果设计方和施工方是分离的，就需要施工方也对需求分析结果进行确认。经过确认的需求分析结果，才能作为设计依据。

二、需求分析的具体问题

在进行需求分析的过程中，用户应给予设计方正确的、清晰的需求；设计方有义务对用户方的需求进行说明，对不合理的需求指出其问题所在并修改方案。进行需求分析时应该注意以下几个问题：

（一）信息点的确认

在对用户进行需求分析时，信息点的数量、功能、位置是一项重要的信息。这要求对办公人员所处的办公地点、办公人数及数据传输的速率带宽必须完全掌握。例如，教室及办公室信息点采用哪种插座；线缆是采用几类标准等。

（二）考虑日后的发展

综合布线系统的使用年限一般要求 10 年。在对用户进行需求分析时，应考虑预留一定的发展空间，例如，教室多媒体数量及功能的扩充、多媒体位置结构布局改变的可能性。重要的是，要考虑到教学资源及实时的教学广播，应具备一定的冗余及容错能力。

（三）全面兼顾合理规划

从整体考虑，在设计过程中应考虑语音、数据、安防等功能的集成，且考虑信息点之间数据及语音等信号的转换。

三、需求分析的内容

（一）一般需求分析

1. 组织结构

用户的组织结构一般包括：办公室及教室的划分情况；领导部门的从属关系等。

2. 地理位置及用户分布

地理位置一般包括：教室和办公室在当前层的位置；建筑的高度及占地面积等。

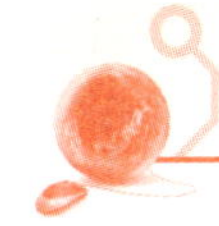

3. 网络连接的情况

教室和办公室采用何种方法接入网络；教学楼采用何种线路接入校园网。

4. 用户企业的行业特点及发展的情况

用户特点及发展情况也是需求分析中的重要考虑因素，在短期内很有扩大可能，所以不能忽视。

5. 用户的投资预算

了解用户的投资预算，才能使设计、施工更符合用户的需要。

（二）业务需求分析

对以上内容进行需求分析后，应了解用户在集成产品环境下需要进行什么业务，在此业务的基础上需要完成什么功能，在此功能的基础上需要拥有什么样的性能。因此，业务需求分析应从以下三个方面重点论述。

1. 业务功能需求

通过对用户行业特点及发展情况分析，掌握用户平时的业务情况，如上课、办公等。

2. 业务应用需求

平时上课和办公需要使用的软硬件系统有哪些。

3. 业务性能需求

在教学时，学生是否需要大量的下载；所有的教室在同一时间的广播并发数量。

（三）性能需求分析

对于一个完整的集成项目来说，并不仅仅是将全网联通即可，通信只是最基本的要求，还应该从用户的项目性能出发进行分析。

1. 响应时间

学生在进行视频点播时需要多长的响应时间等。

2. 吞吐量

学生在上课期间同一时间下载学习资料的数据量是多少。

3. 并发数量

有多少学生和教师在使用同一教学软件或下载同一资源。

（四）扩展性需求分析

考虑用户网络结构的扩展性，这样可以节省后期的维护成本并降低难度。对于网络结构的扩展，必然会涉及网络设备，如：交换机及路由器等设备的端口数量及带宽扩展是主要的考虑方向。无线网络是用户桌面的必然趋势，必须要考虑无线的扩展性，如：教学楼楼道过长或干扰严重是否需要无线的桥接。服务器为用户提供相应的服务功能，则对于服务器的扩展也是必须要考虑的问题。此外，还应考虑广域网系统的扩展需求及应用系统的扩展需求。

（五）服务器管理需求分析

1. 网络及服务器管理需求分析

服务器对整个网络需要进行哪些控制？这些控制是否需要通过第三方软件实现？

2. 数据的备份和容错

教学或办公所用数据的安全等级要求如何？重要数据是否需要备份？重要数据破坏丢失后对企业会造成多大的影响？是否需要进行容错配置？

3. 共享及访问控制需求

数据在共享时对用户的开放权限：是否对部分权限定时开放？是否允许 VPN 连接？

案例二　建设方案设计

案例描述

用户需求分析结果可以作为设计依据进行建设方案的设计。建设方案是设计方对整个集成项目的设计思路和流程的体现，集成项目的施工将完全按照建设方案来进行，所以建设方案的设计决定着项目的建设结果。

学习目标

1. 了解并掌握建设方案的设计原则。
2. 了解并掌握建设方案的组成及内容。

理论知识

建设方案一般包括：需求文档、设计原则、依据标准、建设目标、网络设计方案、系统设计方案、设备及服务器解决方案、施工与测试、项目预算、售后等。不同的项目需求在建设方案的文档中表现略有不同。

一、设计原则

（一）系统标准性及兼容性

系统的软硬件及技术必须保证支持国际开放标准。因为在整个系统中使用的硬件和软

件无法保证是同一厂商的产品。如布线 7 类标准，各厂商的产品会出现不兼容情况。

（二）系统先进性

整个系统在设计过程中，软硬件应该采用国际上先进、成熟的技术及产品，并符合相应的国际标准。值得注意的是，先进并不代表成熟。

（三）系统可升级和可扩展性

系统采用的软硬件产品必须能够适应在较大的范围内进行升级和扩展，如系统和软件的选用版本兼容性及设备的端口数量和类型，这样可以在将来对系统进行升级扩展时将花费降到最低。

（四）系统安全性及可靠性

必须使用有效策略来控制网络访问，使用户资源得到有效保护。对于集成系统的中心设备或服务器数据库来说，必须至少确保教学时段的工作稳定，这就需要使用 UPS 持续供电。另外，当软硬件崩溃时，更需要可靠的容错。但无论如何不能对网络结构的改变及网络整体的性能产生影响。

（五）系统易操作性和可管理性

系统的软硬件产品对于用户来讲都是透明的，用户只面向对终端的使用。考虑到授课教师和学生多数为非计算机专业，所以系统的使用界面必须友好并考虑大多数用户的使用水平。对于管理员来说，要求系统中的各种设备都应该能通过专用的管理软件进行集中管理，如广播、监控、配置等。

二、系统设计方案

布线系统一般分为六大子系统。在对每个子系统进行设计时，对各个子系统的施工应严格按照标准及技术规范执行，并对使用的软硬件参数进行描述说明。

三、网络设计方案

（一）实际地理环境描述

应对系统设计施工的实际环境进行简要描述，并将楼层各房间进行相应的划分。

（二）拓扑结构设计

一般采用星型结构。

（三）IP 地址规划

用户需要通过 HUB 或交换机连接在网络系统上，广播的存在是影响网络性能的重要因素。合理的 IP 地址规划有助于解决这些问题。

四、设备及服务器设计方案

（一）设备

本案例的设备主要是接入层和汇聚层设备。对于设备来说，并不仅仅是连通而已，还要通过配置对整个网络进行性能优化，如安全、容错等。

（二）服务器

服务器的主要功能是存储用户数据并为用户提供相应的服务。对于服务器的设计应考虑用户的实际需求，并根据网络负载均衡及容错来确定是否使用群集技术及 RAID 技术。

五、预算

预算情况是整个建设方案的重要组成部分，也是用户最关心的问题之一，它直接描述整个建设方案中所用到的软硬件产品的规格、成本及施工过程中产生的费用。需要注意的是，预算并不代表最终实际的花销。

预算方法请读者参考本书模块九。

案例三　组织结构与进度控制

案例描述

对于集成项目建设，承包单位建设团队的组织结构和进度控制管理将直接影响整个项目工程的质量。因此，对建设团队组织结构进行合理划分，采用合理的进度控制方法是必须要掌握的内容。

学习目标

1. 了解并掌握建设团队的组织结构及成员的责任。

2. 了解并掌握进度控制的重要意义及方法。

理论知识

对于比较复杂的集成项目来说，工程质量的好坏受多种因素的影响。工程的组织管理及进度控制是否合理，是制约工程质量的重要因素。

一、工程的组织结构

（一）系统集成商

系统集成商一般指承接集成项目的法人。承接工程的系统集成商一般需要相应的资质，为了加强对从事建筑智能化系统工程设计单位和系统集成商的资质管理，根据 2007 年 6 月建设部发布的《建设工程勘察设计资质管理规定》和 1997 年 10 月发布的《建筑智能化系统工程设计管理暂行规定》，结合建筑智能化系统工程的专业特点制定了系统集成商资质的等级标准。一般要求必须具有建筑甲级工程设计资格，至少完成三项以上系统集成工程并验收合格，从事工程设计专业人员不少于 30 名等。

（二）项目经理

对于系统集成工程项目，系统集成商下设项目经理主要进行协调工作，明确设计、监督、管理、施工及测试人员的岗位职责，定期沟通、分析和总结，制定工程下一步的工作任务和要求。同时还需与用户定期进行沟通，随时了解用户要求，这样才能确保工程的质量及进度。用户沟通对象为学校基建部门负责人或主管基建工作的校级领导。

（三）施工人员

施工人员在施工过程中必须按照图纸内容和要求进行，如发现问题，质量监督人员和施工管理人员应及时纠正。对于大型工程，为加强责任意识，应要求施工人员签订质量保证责任书，如有必要还需对其进行监督考评，设定严格的奖惩措施。

二、进度控制

工程进度控制是指对工程项目各建设阶段的工作内容、工作程序、工作持续时间和衔接关系编制计划，并将该计划付诸实施。在实施过程中经常检查实际进度是否按计划要求进行，对出现的偏差分析原因，采取措施或调整、修改原计划，直至工程竣工，交付使用。

（一）影响进度的因素

1. 客观因素

在施工过程中，一些不可抗力的出现也影响着施工进度。如停电、自然灾害、战争

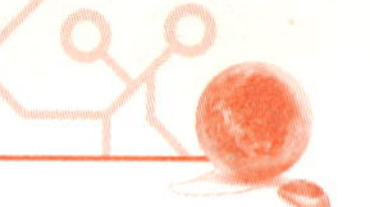

等。另外，人为因素是最大的干扰因素，如蓄意破坏。

2. 工程延误

由于承包商自身原因造成的工期拖延，一切损失由承包商自己承担。如设备购买错误、施工人员不够等。

由于承包商以外的原因造成的工期延长，经监理工程师审查批准后，所延长的时间属于合同工期的一部分。

3. 工期提前

工程进度的加快意味着工期的缩减，但需要增加投资。值得注意的是，进度的加快可能会影响工程的质量。

（二）进度控制方法

1. 行政方法

项目经理利用行政方法，如表扬、批评等方式进行进度控制。在使用行政方法时，应具体问题具体分析，对于严重问题应通报批评或罚款。

2. 经济方法

利用经济控制，按照多劳多得的原则实行绩效工资，制定针对工作进度的考核办法，将奖金收入与工作进度挂钩。

案例四　工程测试与验收

案例描述

综合布线是一个复杂、系统、庞大的工程。综合布线工程在竣工验收之前必须经过严格的测试环节，测试也是鉴定工程建设质量的重要手段。测试后，在交付用户使用前，都必须进行验收工作，验收合格表示用户对工程的认可，此时才意味着施工方向用户的正式交付。

学习目标

1. 了解和掌握测试标准。
2. 了解和掌握测试方法。

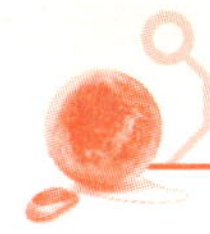

理论知识

一、工程测试

（一）工程测试标准

工程测试必须按相关标准进行，一般将工程测试标准分为三部分。

1. 元件标准

元件标准主要定义电缆、硬件及连接器的性能和等级，如国际标准化组织（ISO）、国际电工委员会（IEC）、美国国家标准委员会（ANSI）、美国电子工业协会（EIA）、美国通信工业协会（TIA）等制定的标准。

2. 网络标准

网络标准主要定义网络组成元素性能，如电气和电子工程师协会（IEEE）制定的 IEEE 802 标准等。

3. 测试标准

测试标准定义验收测试所使用的方法、工具及过程，如 TSB67 等。

（二）工程测试方法

工程测试方法一般分为两种：验证测试和认证测试。

1. 验证测试

在施工过程中，施工人员边施工边测试，主要解决电缆安装过程中随机产生的网络问题，并能够及时纠正，避免完工时发现问题导致耗费大量的人力和物力进行返工，也为工程按时完工提供了保证。对于验证测试来说，主要通过测试仪器测试物理问题，如故障点位置等。

2. 认证测试

认证测试也可称为竣工测试。除验证测试外，还需测试线缆的电气性能，如衰减、近端串扰等，这些参数直接影响网络工程性能。测试过程可由施工方自己组织对每条链路进行测试，也可以与用户代表及监理人员一起进行测试，还可以在测试后组织第三方的质检部门或认证测试服务提供商进行测试验证。

（三）测试仪器

测试仪器的性能和精确度直接影响整个工程测试环节的质量，综合布线工程测试对测试仪器的要求越来越高。目前，主流的测试品牌主要有 IDEAL（理想）、Fluke（福禄克）和 Agilent（安捷伦）等。

(四)文档

在综合布线工程中，一系列的文档表格有相对固定的结构，请读者参考国家标准《综合布线系统工程设计规范》(GB/T 50311—2007)中的内容。

二、工程验收

工程验收是在工程质量评定的基础上，依据既定的验收标准，采取一定的手段来检验工程产品的特性是否满足验收标准的过程。验收的依据包括合同、设计文档、各种规范和标准。

验收方式和内容请读者参考本书模块六。

案例五　网络故障的分析、排除及优化

案例描述

在综合布线工程验收并交付使用后，必须经过试运行阶段。在此阶段可能会出现网络时而不通、设备接口损坏、服务器响应失败等现象，这些现象直接影响用户的工作效率，极端情况下如果不能得到及时的修复，可能会给用户造成极大的损失。所以用户应当掌握基本的故障分析、排除及优化方法，将损失控制在最小的范围内。

学习目标

1. 了解网络故障的出现情况。
2. 了解并掌握网络故障的判断方法。
3. 了解网络性能的优化方法。

理论知识

一、网络故障的一般情况

(一)故障的表现形式

1. 物理故障

物理故障一般也称为硬件故障，是由于硬件设备或线路的故障所引起的。这类故障一

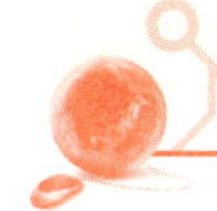

般通过使用测线仪、寻线器或观察状态提示即可查明，从而通过更换即可以对网络进行修复。

2. 逻辑故障

逻辑故障一般也称为软件故障或性能故障，一般是由于使用或配置不当引起的。这类故障可能表现为网络是连通的，但是不能获取某些服务。

（二）对于故障的一些说明

线路故障一般情况下会认为是物理故障，如无法 ping 通目标、用户接口松动、设备接口损坏等；也有可能是逻辑故障，如目标开启防火墙或在网络中有 ACL 或 Nat 的错误配置等；还有可能是网络主机中毒或网络形成环路等情况。

二、故障判断

（一）ping 命令

一般来说，判断网络连通性需要用到 ping 命令，通过 ICMP 数据包是否丢包进行验证。此命令的基本格式为：ping 目的主机 IP。

进行网络的故障判断，需要判断者具有一定的网络基础知识，这里所讲的网络基础知识并不仅仅指从网络上搜集出的办法，还需要对网络的原理具有扎实的理解。

（二）先软件后硬件的原则

不仅仅是判断网络故障，对于单机故障一般也是采用这种原则。也就是说，在出现故障的时候应该先从软件下手，判断是否是服务器配置错误、病毒感染或网卡禁用等原因。若确定软件没有故障问题，再从硬件下手，如接口是否损坏或脱落造成接触不良、线路是否连通等。

（三）故障分析监控软件

对于大型的布线项目来说，比如校园网络，一般都会在中心机房放置监控软件，它能够实时地反映整个网络的连通性，并且可以检测到故障点及当前的网络线路流量。当出现问题时，管理员完全可以在不到达故障现场的情况下对故障进行远程修复.

三、性能优化

综合布线的网络在当今不能仅仅满足连通性，还要在用户的实际使用要求上对性能进行相应的优化操作。这不仅仅是衡量工程质量的重要标准，也是衡量用户工作环境和工作效率的重要标准。

（一）网络设计

不能忽视用户在今后进行网络扩充和升级的可能性，在此必须强调，在对网络项目进行设计时，需重点考虑这方面的因素。由于不能要求用户对设备的扩充按照原有品牌进行购买，因此要考虑兼容性。最后需要强调的是，用户并非是专业的网络工程师，网络在实际应用中的可管理性和易用性也是在设计初期要考虑的重点问题。

（二）瓶颈和广播问题

对于用户来说，视频会议或视频点播可能是一个大型企业需要配备的功能，因此带宽、用户并发数量、突发流量对于网络性能来说至关重要，那么，是否应该在防火墙上屏蔽用户下载、是否在用户常用的服务上开启 QoS、是否在垂直系统的设备上启用端口聚合提升带宽等问题在设计初期也应一并考虑。

（三）冗余和容错

冗余是指重复配置系统的一些部件。当系统发生故障时，冗余配置的部件介入并承担故障部件的工作，由此减少系统的故障时间，如 STP，但会增加成本。

容错是指系统中出现了数据、文件损坏或丢失时，系统能够自动将这些损坏或丢失的文件和数据恢复到发生事故以前的状态，使系统能够连续正常运行的一种技术，如 RAID5。

（四）软件和硬件的优化

1. 软件优化

软件优化一般包括操作系统、数据库及相关软件的升级。

2. 硬件优化

硬件优化一般包括：硬件接口升级，如硬盘接口、网络接口升级；从成本考虑也可将路由器换成交换机，或者将路由器换成多网卡的计算机，启用远程路由访问服务等。

（五）第三方软件

在网络上有很多系统、网络优化软件。现在用户使用比较多的是免费的 360 系列产品，它的内置功能提供了不少的优化对象。

案例六　网络工程监理

案例描述

在综合布线工程的建设过程中，监理对建设工程投资、工期、质量、安全等进行控制，对建设工程信息、合同进行管理，并协调有关单位之间的工作关系。大中型的系统集成项目必须设立监理部门及人员，这是保证工程质量的主要举措之一。

学习目标

1. 了解监理的分类。
2. 了解并掌握监理的组织结构及人员职责。
3. 了解并掌握监理的实施程序。

理论知识

一、监理概述

监理的职责就是在贯彻执行国家有关法律、法规的前提下，促使甲、乙双方签订的工程承包合同得到全面履行。

建设部和国家计委制定的《工程建设监理规定》（建监〔1995〕第 737 号）明确提出：工程建设监理是指监理单位受项目法人的委托，依据国家批准的工程项目建设文件、有关工程建设的法律法规和工程建设监理合同及其他工程建设合同，对工程建设实施的监督管理。监理单位是建筑市场的主体之一，建设监理是一种高智能的有偿技术服务。监理单位与项目法人之间是委托与被委托的合同关系；监理单位与被监理单位是监理与被监理关系。从事工程建设监理活动，应当遵循守法、诚信、公正、科学的准则。

监理是一种有偿的工程咨询服务，监理的主要依据是法律、法规、技术标准、相关合同及文件。

二、监理的分类

（一）按监理阶段分类

按监理阶段可以将监理分为设计监理和施工监理两类。需要注意的是，目前我国只实行施工监理，主要确保工程质量、施工安全、投资及工期。在市政工程和房屋建筑工程两个行业实行施工图审查制度，相当于设计监理，主要确保设计质量和设计时间。

（二）按工程专业分类

按工程专业可以将监理分为土建工程监理和安装工程监理。土建工程监理主要对建筑结构、施工过程进行监督管理。安装工程监理主要是对建筑设备设施安装过程进行监督管理，如对建筑水电线路、弱电及电梯等设备设施的监督管理。

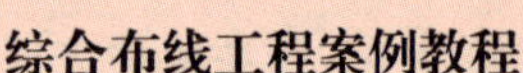

三、监理的组织结构

监理组织一般采用直线型组织结构，并逐层负责。即总监理工程师下设若干监理工程师和资料员、安全员等。大型项目可以在总监理工程师下设若干监理组，每组设置组长并下设若干监理工程师。

（一）总监理工程师

总监理工程师初期负责组织机构的建立及制定人员职责，负责项目监理实施计划的制定，工程若有分包现象应审查其资质等。在施工过程中，应监督工作并进行人员调整，主持监理会议并签发文件指令，处理工程变更等。另外，在施工过程中如出现事故或争议，应参与事故调查及进行调解工作。

（二）监理工程师

监理工程师负责编制监理细则及其实施方法，组织、指导、检查和监督监理员的工作并做好监理日志报表，对于工程的变更应向总监理工程师报告，对设备材料进行审核检查及工程计量等。

（三）监理员

监理员负责材料设备的质量检验及工序质量检查，负责施工现场的安全检查等工作，并执行监理细则，填写监理图表日志。

四、监理的实施程序及内容

（一）合同签订阶段

1. 综合布线需求分析

对甲方进行实地考察，由甲方提供建筑工程图，了解相关建筑物的建筑结构，分析施工需要解决的问题和达到的要求。

需了解的数据包括：中心机房的位置、信息点数量、信息点与中心机房的最远距离、电力系统供应状况、建筑接地情况等。

2. 网络系统集成应用需求分析

了解甲方网络应用概况，包括网络应用的安全性、数据量的大小和重要程度、实时性等要求。

3. 了解乙方的网络系统集成方案

网络系统集成方案主要包括：网络物理结构拓扑图、网络系统硬件设备选型以及报价等。衡量乙方的解决方案是否能满足甲方需求。

4. 确定验收标准

主要协助甲方签订网络系统建设项目合同，确认项目验收标准。

（二）建设阶段

1. 审核检查

对乙方制定的综合布线系统设计方案进行审核，并审核乙方或施工单位与施工人员的资质是否符合合同要求。

对设备材料进行检查验收，如外观、保修、质检等。

2. 进度控制

对施工进度进行控制考核。监督实施进度，协调解决甲方与乙方之间的问题，保证工程如期进行。

3. 随工测试验收

督促乙方进行网络布线测试及验收，若不合格则督促返工修正，直至测试达标。

4. 付款

督促甲方按照合同约定支付工程中期款项或材料设备款项。

5. 应用测试

督促乙方进行网络应用配置、安全性测试，若出现问题督促其及时解决。

（三）验收阶段

1. 网络系统集成验收

协助甲方组织验收工作并确定验收参数，检查网络是否达到使用效果，审查合同履行情况，检查各种技术文档是否齐全等。

2. 付款

项目验收试运行后，督促甲方按照合同约定付款。

（四）保修阶段

定期访问用户，及时了解并检查运行状况，如出现问题，敦促责任方及时整改。保修期结束时与用户商谈监理结束事宜。

案例七　用户培训及服务

案例描述

在综合布线工程验收及交付使用前，承包商应组织用户对其进行相关培训，保证应用系统在网络中能够可靠、高效地运行，在交付使用后承包商应提供售后服务及技术支持。

学习目标

1. 了解用户培训的内容。
2. 了解并掌握服务方案。

理论知识

一、用户培训

（一）对受训人员的要求

接受培训的人员必须为具有一定专业技术知识和英语水平的工程技术人员。对关键系统或部位，至少应有两人接受培训并负责平时的维护工作。

（二）培训目的

通过接受培训，用户能对整个系统进行了解，并明确日常维护工作。当出现因使用或操作不当而引起的故障时，能独立解决以减少突发故障的发生。

（三）培训内容

培训内容可分为面向操作人员和面向管理人员两类。前者注重实际操作，后者偏重系统整体结构、功能和管理等。

1. 面向操作人员的培训

主要对操作内容进行培训，包括系统的使用及维护规程、简单故障的判定与排除等。

2. 面向管理人员的培训

主要对管理内容进行培训，包括系统结构及关系、重要系统参数的设置、图纸的查阅等。

二、售后服务及技术支持

按照工程承包标书及合同的约定，承包商应向用户提供系统最终验收合格之日起 2 年的保修服务。如果在保修期之后为确保该系统正常运行，用户需要承包商提供技术支持和管理支持，那么用户应与承包商签订维护外包合同。

（一）保修服务

1. 服务响应时间

承包商服务人员在接到报修电话到现场进行服务的时间，一般同地区半天响应，不同地区最多 2 天响应。另外应保证每天 24 小时的电话咨询服务。

2. 保修期限

系统保修期一般为 2 年，也可根据双方协商延长保修时间。

3. 定期维护

承包商可根据系统特点及经验向用户提出建议，对系统关键设备或设备的关键部位进行定期上门维护保养。

（二）现场服务

派遣专业工程技术人员及时前往现场解决用户的各种问题。若用户管理人员发生变动，应负责进行培训。优先保证用户的备件供应，负责为用户安装和更换。如保修期结束，则收取更换设备的成本及人工费用。

（三）异常处理

一般情况下，在合同中对保修期内和保修期外的紧急异常情况处置应做明确规定，出现问题按合同条款进行处理。

（四）文档

提供完整的竣工图纸及软硬件文档，包括操作和维护手册、设备清单。另外，如有必要还应帮助用户建立系统的运行、管理和维护文档。

模块小结

本模块主要从七个方面介绍系统集成管理的基本知识，主要内容包括需求分析，建设方案设计，组织结构与进度控制，工程测试与验收，网络故障的分析、排除及优化，网络工程监理，用户培训及服务等。

练习

1. 用户需求分析应从哪些方面进行？
2. 简述两种测试方法的内容。
3. 简述综合布线工程中子系统验收的重点内容。
4. 冗余和容错的原理及区别是什么？
5. 简述工程监理的组织结构和监理人员的职责。
6. 售后服务应从哪些方面进行考虑？

模块三

招投标

招投标是招标投标的简称。在货物、工程和服务的采购活动中，招投标是通过招标人事先公布的采购要求，吸引众多的投标人按照同等条件进行平等竞争，按照规定程序并组织技术、经济和法律等方面专家对众多的投标人进行综合评审，从中择优选定项目中标人的行为过程。其实质是以较低的价格获得最优的货物、工程和服务。

案例一　政府采购

案例描述

一般企事业单位建设工程资金来源于中央或省、市政府，需要按照政府采购的方式进行设备的购买及相关的建设。

学习目标

1. 了解政府采购的相关概念。
2. 了解政府采购流程。
3. 了解政府采购招投标的形式及废标的原因。
4. 掌握中标服务费的计算方式。

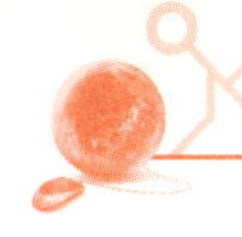

理论知识

一、政府采购基本知识

（一）相关法律法规

《中华人民共和国政府采购法》于 2002 年 6 月发布，自 2003 年 1 月 1 日起开始施行。在此基础上制定了一些相关的办法和规定，如《机电产品进口管理办法》、《招标代理服务收费管理暂行办法》、《评标专家和评标专家库管理暂行办法》等，不同的地方政府也出台了相应的规定予以规范。

（二）采购角色

1. 采购人

采购人是依法进行政府采购的国家机关、事业单位、团体组织等。

2. 供应商

供应商是向采购人提供货物、工程或者服务的法人、其他组织或者自然人。

供应商应具备如下资格要求：独立承担民事责任能力；具有良好的财务会计制度；具有专业能力；依法纳税和缴纳社保；三年内无重大违法记录。

3. 采购代理机构

经财政部、地方政府财政局认定资格的采购代理机构，在委托的职责范围内办理政府采购事宜。

二、采购方式

（一）公开招标

公开招标一般用于采购数额较大的情况。货物、服务项目单项或批量采购预算金额达 50 万元，工程类项目采购预算金额达 100 万元，应进行公开招标。

（二）邀请招标

邀请招标通常适用于采购行为在有限范围的供应商处采购，并且可能有其费用限制。

（三）竞争性谈判

竞争性谈判适用于以下情况：招标后供应商数量或者资格不满足要求；技术复杂程度

高；时间要求紧（7 天）；不能事先计算出总价格。

（四）单一来源采购

单一来源采购适用于以下情况：唯一供应商处采购；紧急情况下无法从其他供应商处采购；保证原有项目的一致性（采购费用一般优惠原合同总额的 10%）。

（五）询价采购

询价采购适用于以下情况：货物规格标准统一；货源充足；价格透明变化幅度小。

除了采用上述几种采购方式外，还可以采用经国务院政府采购监督管理部门认定的其他采购方式。

三、采购流程

（一）制定预算

（1）采购人确定采购项目预算，获得审批。

（2）选择采购代理机构。

（3）选择采购方式，办理相关手续。如采用邀标方式采购，采购人需要从符合条件的供应商中随机选择 3 家以上供应商，发出招标邀请。

（二）公告

（1）公开招标需 3 家以上投标单位。

（2）竞争性谈判一般为直接邀请供应商就采购事宜进行谈判。

（3）单一来源方式招标一般指定供应商。

（4）询价采购需 3 家以上投标单位，并且报价不能更改。

（三）开标

（1）公开招标应公示所投产品及价格。

（2）竞争性谈判除考虑价格因素外，应重点考虑评价技术及商务部分的内容，如技术方案及售后服务承诺。

（3）单一来源方式应对于成交合同总价的 10%降价。

（4）询价采购方式一般以最低价成交。

（四）确定成交供应商

（1）现场应展示打分结果。

（2）对于成交供应商应进行网上公示。
（3）如有采购代理机构，则应发出中标通知书。
（4）供应商缴纳中标服务费。

（五）签署合同与验收

（1）签订政府采购标准合同书。
（2）执行合同约定的采购条款。
（3）对采购设备产品进行验收并签署验收报告，如需要可邀请第三方参与验收。

（六）文档提交

（1）提交验收报告。
（2）提交相关文档（采购预算、招标文档、投标文档等）。

四、废标情况

废标，即是在招投标活动进行过程中，由于某些原因造成的投标作废的情况。一般有以下几种原因：

（1）符合专业条件的供应商或对招标文件做实质响应的不足3家（可转竞争性谈判）。
（2）出现影响采购公正的违法违纪行为。
（3）所有供应商的投标价格均超出采购人招标控制价。
（4）因重大变故，采购任务取消。
（5）招标单位发出废标公告。
（6）招标单位重新招标（除采购任务取消）。

五、中标服务费的计算

对于中标的供应商，其中标后应缴纳一定的中标服务费用。一般来说，中标服务费用的缴纳应以成交金额为基数进行计算，成交金额以中标通知书为准，计算标准如下：

100万元以下：1.5％；

100万元～500万元：0.8％；

500万元～1 000万元：0.45％。

例如，成交金额为680万元，则应缴中标服务费为：100×1.5％＋（500－100）×0.8％＋（680－500）×0.45％＝5.51（万元）。

六、合同与验收

（1）政府采购合同的制定原则依据《中华人民共和国合同法》；
（2）合同必须采取书面形式；
（3）合同条款不可更改；
（4）合同的签订时间应在《中标通知书》发出后 30 天内；
（5）采购人或者供应商若改变或者放弃中标结果，将负相应的法律责任；
（6）如需分包，则分包方式应由中标供应商负责；
（7）如合同出现变更与终止，则过错方承担违约责任。

七、质疑与投诉

（一）供应商

（1）向采购人或者招标代理机构提出询问；
（2）书面质疑（得知权益受到损害的 7 个工作日内）；
（3）向采购监督管理部门投诉；
（4）行政复议或行政诉讼。

（二）采购人和采购代理机构

（1）对于询问应及时给予答复；
（2）对于质疑应在收到书面质疑后 7 个工作日内给予答复；

（三）采购监督管理部门

对于投诉应在收到书面质疑后 30 个工作日内给予答复。

八、监督与检查

（1）政府采购中，采购人及相关人员与供应商有利害关系的，必须回避；供应商认为采购人及相关人员与其他供应商有利害关系的，可申请其回避。

（2）项目的采购标准应公开。

（3）采购方遵循规定的采购方式和程序进行采购。

（4）采购监督管理部门和审计部门应定期进行监督与审计。

（5）任何人不得以任何方式指定供应商进行采购。

（6）检查结果需公示。

需要注意的是，招投标过程中如果出现废标情况，在允许的情况下可以改变招标方式而不用重新进行招投标；仲裁为一审判决制，如不服仲裁结果，一般情况下将不能进行法律诉讼。

案例二 招标书

案例描述

招投标的第一个环节就是编制招标文件，也就是编写“标书”。在这个环节，业主（招标人）最重要的就是按照自己的实质性要求和条件准确编制招标文件。在编制标书时要严肃认真、一丝不苟，对技术要求不能有特指，不能指定规格、品牌或型号等，否则就会造成不公平竞争，其结果必然会出现纠纷，引发投标商的质疑和投诉；同时也不能有霸王条款和歧视性条款。

××市××学校为扩建校园网中心机房，需采购设备进行升级。由于资金来源于政府，所以必须进行招标。

学习目标

1. 了解并掌握招标书的结构内容。
2. 掌握编写招标书需要注意的一些问题。

理论知识

一、招标书的封面及目录

招标书的封面（见图 3—1）一般包括如下几个部分：

（1）招标编号。招标编号一般在标书第一行居右。

（2）标题。应注明招标项目。

（3）委托单位。

（4）招标代理单位。

（5）日期。

招标书的目录应按照招标书结构生成。

招标编号：设招字 20130101 号

××学校网络设备采购

招标文件

委托单位：××××

招标代理单位：××××

二〇一三年一月一日

图 3—1　招标书封面

二、投标邀请书

××受××的委托，对学校校园网设备采购进行公开招标，凡符合《中华人民共和国招标投标法》的规定并具有相应供货或完成项目能力的供应商和系统集成商均可参加本次投标。

委托单位：××

网　址：××××　　　　　　地　址：××××

招标代理机构：××

地　址：××××

（1）招标编号：设招字 20130101 号。

（2）招标内容：学校校园网设备采购。

技术要求详见“招标项目需求分项一览表”。

（3）发标时间：2013 年 1 月 1 日。

（4）索取标书：每套招标文件售价 100 元整（售后不退）。

（5）索标地点：××学校。

（6）投标截止及开标时间：2013 年 1 月 25 日上午 9：00（北京时间）。

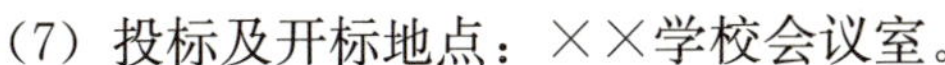

（7）投标及开标地点：××学校会议室。

（8）交货、完工时间、地点：各投标单位根据自身情况的最短时间以及学校的具体要求来确定（招标参数有具体要求的以招标参数为准）。

（9）标书购买联系人：

电话：　　　　　　　　　　　　传真：

（10）投标单位在投标前务必认真阅读本招标文件全部内容，招标文件如有变更、补充等，将主要以书面形式发布。

三、招标项目说明和要求

（一）招标项目说明

（1）本次招标为学校校园网设备采购。

（2）适用范围：本招标文件仅适用于本次招标中所叙述的产品和设备采购。

（3）招标文件的构成：招标文件由本次招标文件中所列投标邀请书、招标项目说明和要求、投标单位须知及附件四部分组成。

（4）招标文件的修改、补充或更正：招标人在投标截止时间前对招标文件所作的补充、修改或者更正、澄清一并构成招标文件的组成部分，并将主要以书面形式发布；投标单位可在投标截止时间 3 天前要求对招标文件进行澄清。

（5）招投标过程中，无论招标结果如何，投标单位均应自行承担所有投标过程中发生的费用。

（6）投标报价币种：人民币。

（7）开标时，投标单位法人代表或授权代表应携带本人身份证原件出席。

（二）招标项目要求

（1）投标单位资格要求：在中国境内注册并具有独立法人资格，具备完成招标项目能力，有生产或经营许可证及注册证、信誉良好、实力较强（在××市设有分支机构或在××市具有独立法人资格更佳）的相关设备和产品生产厂家、代理经销商、系统集成商。

（2）投标单位必须由法定代表人或法定代表人出具授权书（仅对此次投标的授权）的委托代理人参加投标。

（3）投标单位提供的产品必须是全新、符合招标文件所规定的技术参数、具有中国有关部门注册或检验或商检及生产厂家质量合格证明的产品；投标单位必须有开发完成项目和长期优惠供应消耗品和备品备件的经验和能力。

（4）按《××××中标通知书》规定的时间、地点，中标单位与××学校签订采购合同。

（5）交货地点：××××。

(6) 交货（或完工）时间：各投标单位根据自身情况的最短时间及学校的具体要求确定（招标参数有具体要求的以招标参数为准）。

(7) 验收：交货时或安装调试完成或完工后，按××学校有关规定组织验收，中标单位应积极配合。

(8) 项目和产品的保修、保养和维护：中标单位对所投标设备及主要配件的保修期不应低于一年，并负责终身维修。所投设备及主要配件应有现场定期保养和维护制度，发生问题应及时予以响应并给予最佳技术服务（保修期内应免费修复或更换并对软件进行升级，保修期后收取成本费）。

(9) 为了保证供货及售后服务的顺利进行，中标单位签订合同时，交纳年度履约保证金（具体金额在合同中规定），如无违约，履约保证金在设备或产品验收合格后 12 个月无息退还中标单位。

(10) 付款方式：无预付款，设备或产品或工程验收合格后，××学校按合同规定一次性付清。验收不合格，××学校拒绝付款，由此造成的一切损失，××学校概不负责。

（三）招标项目一般技术要求和具体产品分项要求

(1) 为避免个别厂商进行价格垄断，真正体现“公开、公平、公正”的竞争原则，本次招标以招标文件中所列技术要求、配置、参考品牌的技术参数为基本要求。关键技术参数应满足或高于招标文件所列技术要求，非关键技术参数允许有一定偏离。

(2) 招标项目需求分项一览表（见表 3—1）中，部分标号的设备或产品要求提供样品的，投标人须在开标时将所投设备或产品的实物样品提交到开标现场。

(3) 参与招标的厂家必须携带正式校园网络建设规划方案到开标现场。

表 3—1　　招标项目需求分项一览表（实质性要求）

序号	设备名称	主要要求	数量
1	核心路由器	品牌要求：国际知名品牌。 参数要求（至少）：自带×个千兆光电复用 Combo 口（电口十百千兆自适应），4 个 SIC 槽位，4 个 FIC 槽位，2 个 ESM 槽位，1 个 VCPM 槽位，4 个 VPM 槽位，1 块交流电源，支持 QoS 管理。	N
2	接入交换机	……	……
3	汇聚交换机	……	……
4	配件及模块	……	……

四、投标单位须知

（一）投标文件的编制

1. 要求

(1) 投标单位应详细阅读招标文件的全部内容，按招标文件的要求提供投标文件，并

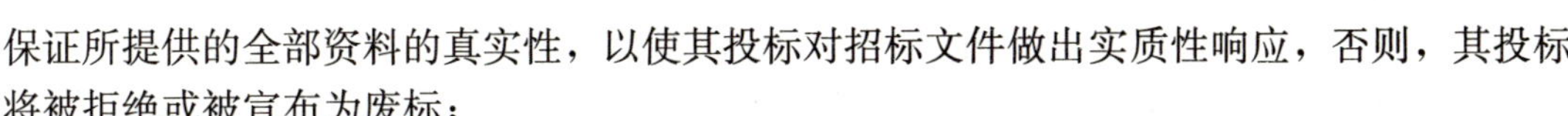

保证所提供的全部资料的真实性，以使其投标对招标文件做出实质性响应，否则，其投标将被拒绝或被宣布为废标；

(2) 投标单位应遵守中国的有关法律、法规，一旦参加投标，就应承担相关法律责任。

2. 投标币种

人民币。

3. 投标文件的语言和度量衡单位

(1) 投标文件及投标单位与招标人之间的一切来函、来电往来均以中文书写；

(2) 用外文印刷的产品说明书、技术资料、资格资质证书等，投标单位应提供符合中国有关法律、法规的中文译本，并以中文译本为准；

(3) 投标文件中所使用的度量衡单位，除招标文件中有特殊要求外，一律用公制。

4. 投标文件的组成

投标文件主要包括以下内容：

(1) 投标单位资格、资质证明文件；

(2) 投标（唱标）一览表；

(3) 投标书；

(4) 投标产品技术参数说明；

(5) 投标售后服务承诺；

(6) 投标质量保证书；

(7) 投标技术参数偏离说明；

(8) 产品彩页、说明书和其他招标文件中要求提供的资料。

5. 投标单位资格、资质证明文件

投标单位应提交其有资格进行投标和有能力履行合同的证明文件，并将相关证明文件装订并密封于投标文件中，作为投标文件的一部分。

资格、资质证明文件：营业执照副本复印件加盖公章；法定代表人身份证复印件（法定代表人投标）或法定代表人授权委托书原件（委托代理人投标）；如所投产品属于国家强制性产品认证目录范围内的，须提交国家强制性产品认证证书（3C认证证书）复印件；对投标的主要设备或产品，非生产商还应提供生产商出具的投标设备（或产品）授权长期代理（或经营）证书复印件或厂家对本次投标予以支持的正式授权书原件，授权长期代理（或经营）证书和厂家对本次投标的正式授权书具有同等效用；进口产品除中国总代理（需有生产商证明）再次授权（提供授权书原件）外，原装进口设备或产品还应提供相应设备或产品报关单、商检报告等资料的复印件。

以上证明文件应由法定代表人或委托代理人签字确认其真实性、准确性。

6. 投标书

(1) 投标单位应按投标文件附件所附格式填写投标书，否则拒绝接受。

(2) 本次招标项目为可分项报价，但应尽量考虑项目的完整性。

(3) 投标文件一经签收，投标单位不得对投标文件作任何修改、补充或更正。

7. 投标报价

(1) 投标报价根据“招标项目需求分项一览表”所列均为人民币交货价。

（2）投标单位应按招标文件所附的“招标项目需求分项一览表”要求填写。

（3）投标单位不得哄抬报价，也不应低于成本价（或进价），否则，一经查实，将宣布为废标，并进行相应处罚。

（4）投标单位对同一标段有两个或两个以上报价且未在投标文件中书面声明以哪个报价为准时，该标段按照废标处理。

（5）投标（唱标）一览表中标明的价格在合同执行过程中是固定不变的，不得以任何理由予以变更。以可调整价格提交的投标将作为非实质响应性投标而予以拒绝。

8. 投标产品技术参数说明

（1）投标单位应按招标文件所附投标产品技术参数说明填写投标产品技术参数、性能、配置、原产国及制造厂名、厂址等。

（2）投标单位应附投标产品配置清单及说明，并保证符合国家质量检测标准及具有厂方出厂的合格证明。

9. 投标售后服务承诺

投标单位按招标文件所附“投标售后服务承诺”填写技术服务和售后服务内容及措施，表格不够填写时可另附详细说明。

10. 投标有效期

（1）投标文件从开标之时起，有效期为 90 日。

（2）特殊情况下，招标人可与投标单位协商延长投标书的有效期，要求与答复都应为书面形式。

11. 投标文件的签署规定

（1）投标文件的投标（唱标）一览表、投标售后服务承诺和优惠承诺等核心部分，应由法人或授权代表人签字确认，无法定代表人或授权代理人签署的投标文件将被拒绝。

（2）投标文件一式五份，其中正本 1 份，副本 4 份，如果正本与副本不符，以正本为准。

（3）投标文件的正本应打印或用不褪色的墨水填写，并由投标单位法人代表或其授权代理人签字或盖公章（除已要求签章的内容和封面外，还应对含实质内容的投标文件逐页在右下角签字并加盖公章予以确认）。授权代理人将以书面形式出具的“法人委托授权书”附在投标文件中。

（4）除投标单位对错处做必要修改外，投标文件不得在行间插字、涂改和增删，如有修改错漏处，必须由同一签署人在修改错漏处签字或盖章。

（二）投标文件的递交

1. 投标文件的密封标记

（1）投标单位应将投标文件的正本和副本分别密封在内层包封中，并在内层包封上正确标明“正本”或“副本”字样；再把密封好的正本、副本一起密封在一个外层包封中，在外封上标明招标编号并注明“开标时间以前不得开封”字样。

（2）投标文件密封口处应加盖投标单位公章，未按规定密封和标记的将被视为无效投标书。

（3）投标书应按指定的时间和地点由法定代表人或其授权的委托代理人送交。

2. 投标截止日期

（1）投标书必须在招标邀请函规定的投标截止时间前送达开标地点，超过投标截止时间的投标文件将被拒绝。

（2）推迟投标截止日将以公告形式通知所有投标单位。

（3）投标截止时间后送交的投标报价单或其他实质性内容修正的函件和增加的任何承诺不作为评标的依据。

3. 投标文件的修改和撤回

（1）投标截止时间前，投标单位可以提供投标补充文件，并可对已提交的投标文件进行修改、补充或更正，也可以书面申请撤回投标文件，但必须由招标人认可后才能生效。

（2）投标单位的投标补充文件必须按规定进行密封和标记。

（3）投标有效期内，投标单位不得撤回其投标文件。

（三）开标和评标

（1）在招标文件规定的时间公开开标，并按相关法律、法规组建评标委员会，现场开标评标。

（2）开标时，××学校的监审人员将对投标文件的密封标记情况及投标单位资格、资质进行检查，确认无误后作为有效投标当众启封、唱标和记录，参加开标的投标代表应签名报到以证明其出席，并在“唱标一览表”中签字确认开标结果。

（3）有以下情形之一者，将作为无效标书处理：

1）投标书逾期送达的；

2）投标文件未按招标文件要求密封的；

3）投标文件中没有报价的；

4）投标文件未按招标文件要求加盖法人印章及法定代表人未签名的；

5）投标文件未按规定的格式、内容和要求填写的；

6）投标文件书写潦草、字迹模糊不清难以辨认的；

7）未按招标文件要求提供营业执照副本原件或复印件（须加盖公章）的；

8）法人委托代理人投标，但无法人代表授权委托书的；

9）未按要求递交样品或样品标识不符合招标文件要求的；

10）未按要求提交投标保证金的；

11）所递交的样品未满足招标文件要求的；

12）其他不符合招标文件实质性要求的。

（4）澄清：开标后，招标人为有利于评标，可随时请投标单位对其投标文件中的某些内容予以澄清。澄清的要求和答复都应以书面形式记录，并由投标单位法定代表人或委托代理人签字和盖章，作为投标文件的组成部分。

（5）评标原则：依照公平、公正、科学、合法、保密原则。

（6）评标办法：严格按照《××学校设备采购招标评标细则》评标，评定中标单位。

（7）所有投标不符合招标要求或超过招标控制价时，招标人可否决所有投标并且不做任何解释。

（四）中标通知和签订合同

1. 中标通知

（1）定标后，招标人根据定标结果在 3 个工作日内签发中标通知书并进行公布；

（2）对落标的投标单位不予解释落标原因。

2. 签订合同

（1）中标单位按中标通知书指定的时间、地点与××学校签订合同；

（2）招标文件、中标单位的投标文件及其澄清文件、中标通知书，均作为签订合同内容的依据。

模块小结

本模块主要介绍了招投标的流程和招投标的组成结构相关内容。一般来说，招投标程序大致相同，但不同地区、不同行业、不同项目内容等招投标实施细则都会有所不同。

练习

1. 中标通知书中成交金额为 1 200 万元，则应缴多少中标服务费？
2. 招投标的一般流程是什么？
3. 哪种情况下会造成废标？
4. 政府采购方式有哪些？
5. 招标书包括哪些内容？

项目实践

在综合布线的各个子系统的施工过程中，对大型设备的安装和配置可能不容易完成，但对于线缆、配线设备的端接、管槽敷设及设备上架等操作必须严格遵照相关标准熟练掌握，这是布线施工人员必须掌握的操作技能。

案例一　跳　线

案例描述

家庭新购置了一台电脑，现在准备将这台电脑连接到家里的路由器上能够上网，现需制作一根长为 1.5 米的双绞线跳线。

学习目标

1. 了解网络跳线的作用及工作原理。
2. 掌握网络跳线的制作方法。

一、双绞线

双绞线（Twisted Pair，TP）是局域网综合布线工程中最常见的一种传输介质。

双绞线由两根具有绝缘保护层的铜导线按一定密度相互绞在一起，可降低信号干扰的程度，每一根导线在传输中辐射出来的电波会被另一根导线上发出的电波抵消。根据双绞线对干扰的屏蔽能力，通常将双绞线分为屏蔽双绞线（Shielded Twisted Pair，STP）和非屏蔽双绞线（Unshielded Twisted Pair，UTP），如图 4—1 及图 4—2 所示。

图 4—1　屏蔽双绞线

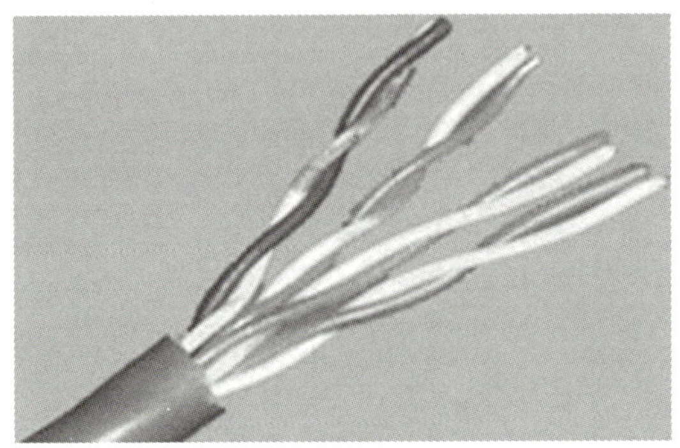

图 4—2　非屏蔽双绞线

非屏蔽双绞线一般具有以下优点：

（1）直径小，无屏蔽护套，节省占用空间；

（2）质量小，可以弯曲，安装简单方便；

（3）串扰小；

（4）具有阻燃性；

（5）独立灵活，适用于综合布线系统。

1985 年初，计算机和通信工业协会（CCIA）提出对大楼布线系统标准化的倡议，美国电子工业协会（EIA）和美国通信工业协会（TIA）开始标准化制定工作。1991 年 7 月，ANSI/EIA/TIA 568《商用建筑电信布线标准》问世。1995 年底，EIA/TIA 568 标准正式更新为 EIA/TIA 568A。

EIA/TIA 的布线标准中规定了两种双绞线的线序 T568A 与 T568B。

标准 568A：绿白—1，绿—2，橙白—3，蓝—4，蓝白—5，橙—6，棕白—7，棕—8；

标准 568B：橙白—1，橙—2，绿白—3，蓝—4，蓝白—5，绿—6，棕白—7，棕—8。

双绞线制作分为直通双绞线和交叉双绞线两种。

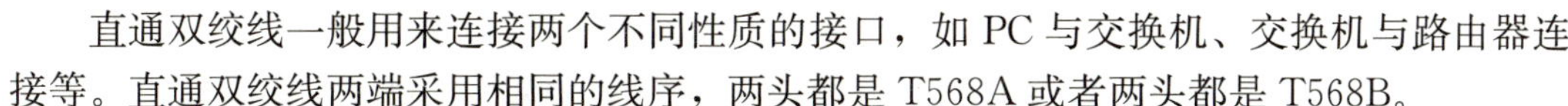

直通双绞线一般用来连接两个不同性质的接口，如 PC 与交换机、交换机与路由器连接等。直通双绞线两端采用相同的线序，两头都是 T568A 或者两头都是 T568B。

交叉双绞线一般用来连接两个相同性质的接口，如 PC 与 PC、路由器与路由器连接等。交叉双绞线一端用 T568A，另一端用 T568B。

二、MDI 与 MDI-X 接口

媒体相关接口（MDI）也称“上行接口”，是集线器或交换机上用来连接到其他网络设备而不需要交叉线缆的接口。交叉媒体相关接口（MDI-X）是网络集线器或交换机上将进来的传送线路和出去的接收线路交叉的接口，是在网络设备或接口转接器上实施内部交叉功能的 MDI 接口。

集线器和交换机的普通端口一般为 MDI 接口；而集线器和交换机的级连接口、路由器的以太口和网卡的 RJ-45 接口都是 MDI-X 接口。

不同的接口发送引脚和接收引脚不同。为了保证数据的发送和接收，针对相同接口连接时使用交叉双绞线，不同接口连接时使用直通双绞线，工作原理如图 4—3 和图 4—4 所示。

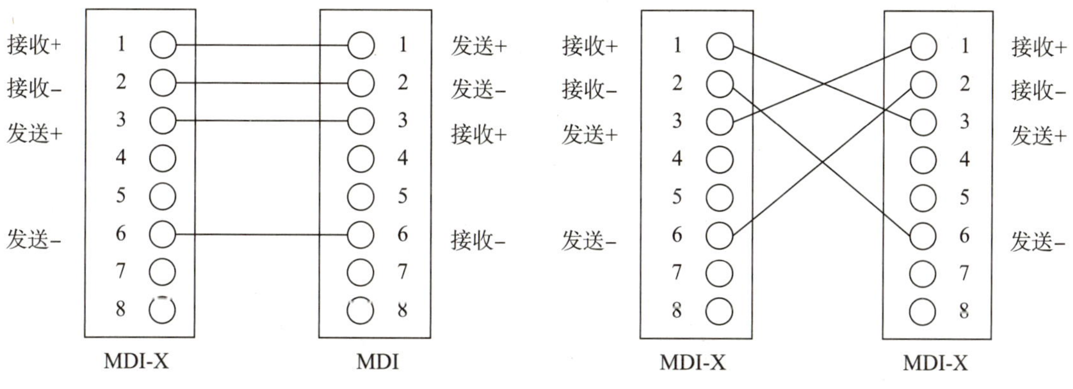

图 4—3　直通线应用原理图　　　　图 4—4　交叉线应用原理图

实训案例

步骤 1：将双绞线的一端用剥线刀将外套剥离，露出长 2 厘米左右的 8 根绞线（见图 4—5），然后割断牵引线。

步骤 2：将绞线线色按照 EIA/TIA 568A 或 EIA/TIA 568B 标准排序拉直，见图 4—6。

步骤 3：将双绞线线头剪齐，并且使裸露部分保持在 1.2 厘米左右，见图 4—7。

步骤 4：水晶头的铜片朝上，将剪齐、并列排列的 8 根线并排插入水晶头中（见图 4—8），注意一定要使各条芯线都插到水晶头的底部，剥线后的线皮应超过水晶头的压接三角。

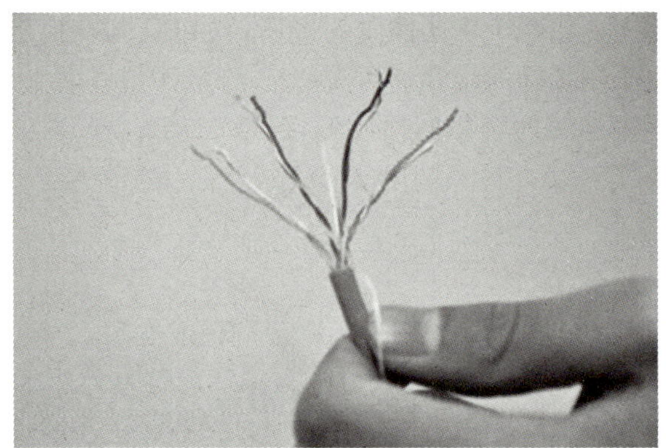

图 4—5　剥线

图 4—6　整理线序

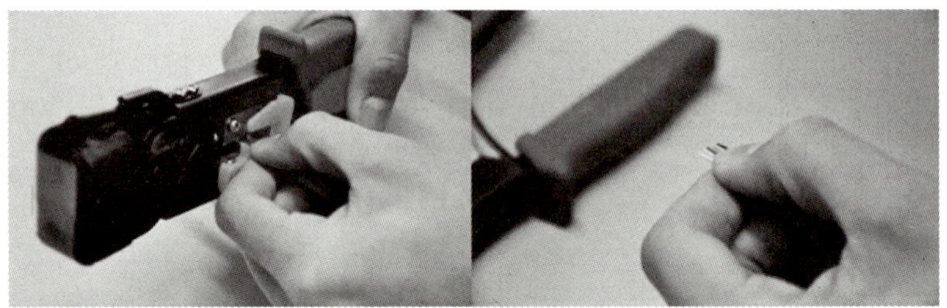

图 4—7　剪齐线头

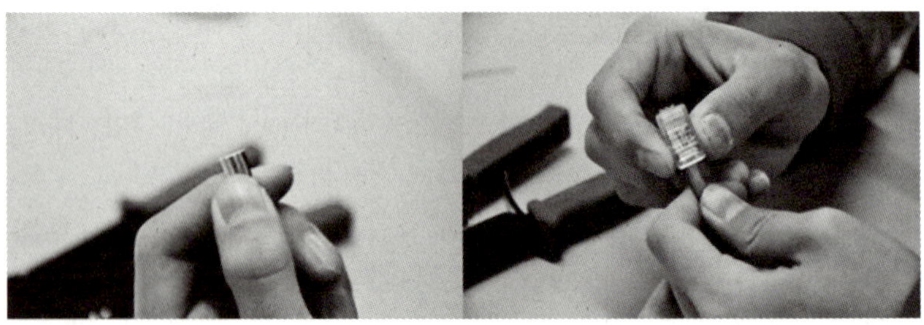

图 4—8　送入水晶头

步骤 5：将插入网线的水晶头放入网线钳压线缺口中，压下网线钳手柄，使水晶头的插针都能插入到网线芯线之中，与之接触良好，见图 4—9。

图 4—9　压线

步骤 6：重复上述步骤 1 到步骤 5，完成跳线另一端制作。

步骤 7：测线，将做好的双绞线两端分别插入测线仪中（见图 4—10），打开电源开关检测制作是否正确。如果测线仪上的指示灯依次绿灯闪亮表示网线制作成功，如果指示灯不亮表示线未通，需检查后重新制作。

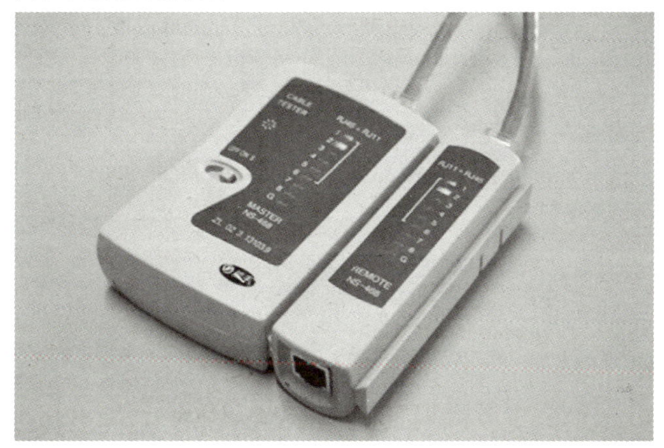

图 4—10　测线

案例二　信息模块及信息面板

案例描述

某公司网络目前都是用网线将交换机和电脑直接相连，大量线缆裸露在外，极其不美观，同时电脑移动也不方便。公司为了优化网络布局，需要对现有网络布线进行改造，在墙体内预埋了双绞线，现在为了使墙体内的双绞线能够和计算机相连，同时又要保持美观，需要安装信息模块和面板。

学习目标

1. 掌握识别和选用信息模块的方法。
2. 掌握信息模块安装方法。

理论知识

信息点由信息插座和信息模块组成，见图 4—11。信息插座用于固定到墙体或其他物体上，信息模块安装在信息插座中。

图 4—11　信息模块和信息插座

一、信息模块

在综合布线工程中，双绞线的一端与配线柜的配线架相连，另一端连接到用户端的信息模块。这样做的目的是根据用户的要求事先布置信息点，方便工作站移动，保持整个布线的整齐美观，同时也是隔离故障的一种方法。

信息模块属于一个中间连接器，可以安装在墙面或桌面上，使用时只需用一根双绞线即可将信息模块与终端连接起来。

信息模块可按如下标准分类：

（1）按照屏蔽类型分为屏蔽模块或非屏蔽模块。

（2）按照传输速率分为 5 类模块、超 5 类模块、6 类模块和 6A 类模块。

（3）按制作方法分为打线型模块和免打型模块。

二、信息面板

信息面板分为单口面板和双口面板，其外形和尺寸符合国标 86 型和 120 型。信息面板安装在底盒上，常用的底盒分为明盒和暗盒。

实训案例

步骤 1：利用剥线工具将双绞线外皮剥离，露出 5 厘米左右的线芯，见图 4—12。

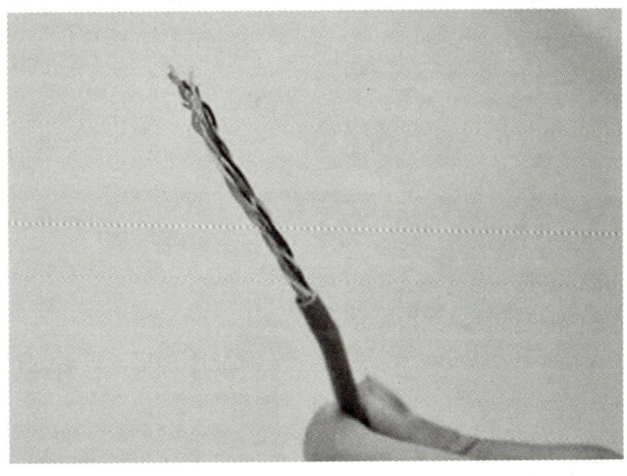

图 4—12　剥线

步骤 2：按照模块上所指示的色标，将 8 根线芯分别压入相应的卡线槽内，见图 4—13。

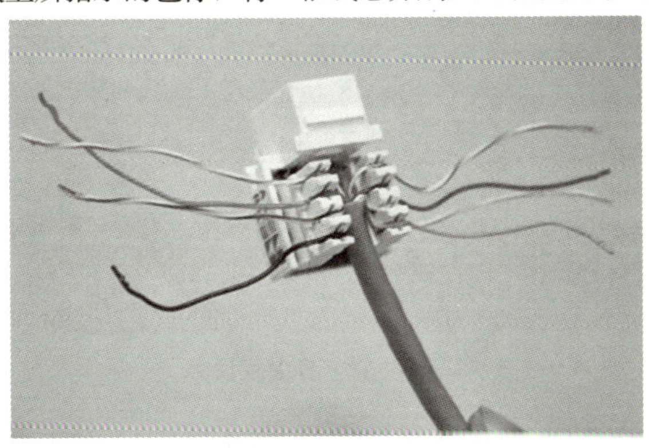

图 4—13　卡线

步骤 3：用打线工具把已卡入到卡线槽中的线芯打入到卡线槽底部（见图 4—14），以使线芯与卡线槽接触良好、稳固。

步骤 4：重复以上步骤完成另一端制作。

步骤 5：利用测验仪测试线缆是否制作正确，见图 4—15。

步骤 6：将信息模块安装到面板上（见图 4—16），注意模块安装时方向不要装反。

步骤 7：将面板固定到底盒上，完成安装，见图 4—17。

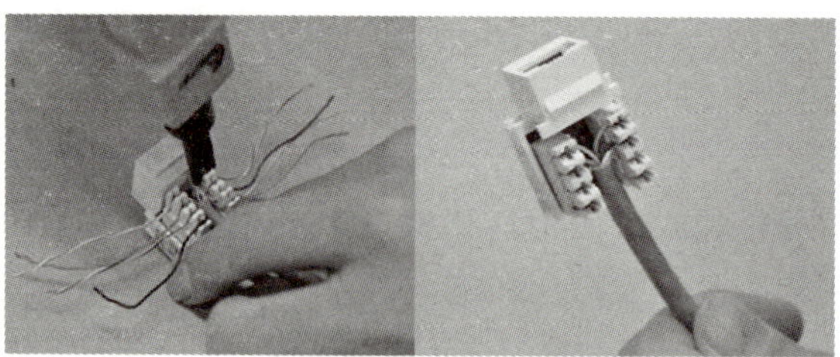

图 4—14　打线

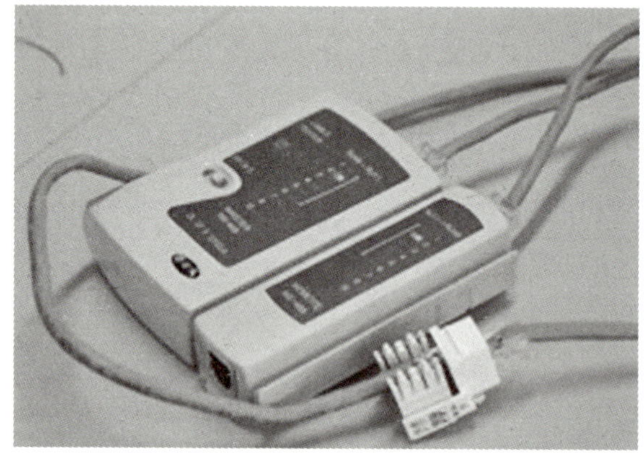

图 4—15　测线

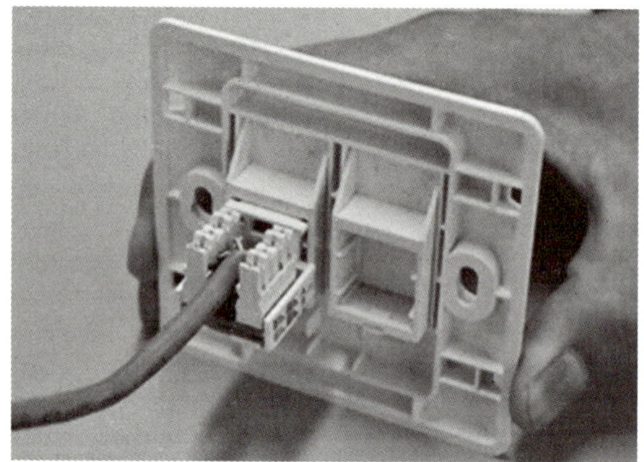

图 4—16　安装模块

图 4—17　安装面板

案例三　线槽与线管

案例描述

某公司在装修时考虑到后期的网络布局，避免以后在组网时大量的网络线缆裸露在外影响美观和使用，同时方便以后布线，需要预先安装线槽、线管。

学习目标

1. 了解线槽和线管的品种规格。
2. 掌握线管各角度弯管方法。
3. 掌握线槽和线管的安装方法。

理论知识

在综合布线系统中，线管、线槽是一个重要组成部分，是综合布线系统的基础性材料。它们对综合布线系统的线缆起到很好的支撑和保护的作用，因此在工程施工中，线槽、线管的选择和安装是一项重要的工作。

一、线槽

线槽是用来将电源线、数据线等线材规范地整理，固定在墙上或者天花板上的电工用具。按照材质可分为金属槽和塑料槽。

（一）金属槽

金属槽由槽底、槽盖组成，每根槽一般长度为 2 米，槽与槽连接时应使用相应尺寸的铁板和螺丝固定。

在综合布线系统中一般使用的金属槽的规格有 5 毫米×100 毫米、10 毫米×100 毫米、100 毫米×200 毫米、100 毫米×300 毫米、200 毫米×400 毫米等。

（二）塑料槽

塑料槽（PVC 线槽）的品种规格很多，从型号上讲有 PVC-20、PVC-25、PVC-25F、

PVC-30、PVC-40、PVC-40Q 等。

从规格上讲有 20 毫米×12 毫米、25 毫米×12.5 毫米、25 毫米×25 毫米、30 毫米×15 毫米、40 毫米×20 毫米等。

与塑料槽配套的附件有阴角、阳角、直转角、平三通、左三通、右三通、连接头、接线盒等。

二、线管

线管用于分支结构或暗埋的线路。按照材质，线管分为金属管和塑料管。它的规格也有多种，以外径为标准，单位为毫米。线管的敷设分为明敷和暗敷两种。

（一）金属管

工程施工中常用的金属管有 D16、D20、D25、D32、D40、D50、D63、D110 等规格，其中 D 表示直径。具体施工中要根据布设的线缆容量来选定规格。

在金属管内穿线比在线槽布线难度更大一些，选择金属管时要注意管径尽量选择大一点的，一般管内填充物占 30%左右，以便于穿线。金属管还有一种软管，供弯曲的地方使用。

明敷金属管时要注意在潮湿场所中应采用管壁厚度 2.5 毫米以上的厚壁钢管，在干燥场所中可采用管壁厚度为 1.6～2.5 毫米的薄壁钢管。使用镀锌钢管时，必须检查管身的镀锌层是否完整，如有镀锌层剥落或有锈蚀的地方，应刷防锈漆或采用其他防锈措施。

（二）塑料管

塑料管分为两大类：PE 阻燃导管和 PVC 阻燃导管。

PE 阻燃导管是一种塑制半硬导管，按外径划分有 D16、D20、D25、D32 四种规格，具有强度高、挠性好、内壁光滑等优点，明、暗装穿线都能使用。

PVC 阻燃导管以聚氯乙烯树脂为主要原料，按外径划分有 D16、D20、D25、D32、D40、D45、D63、D110 等规格。小管径 PVC 阻燃导管可在常温下进行弯曲，便于用户使用。

与 PVC 管安装配套的附件有接头、螺圈、弯头、弯管弹簧、一通接线盒、二通接线盒、三通接线盒、四通接线盒、开口卡、专用截管器和 PVC 粘合剂等。

实训案例

一、暗管敷设

步骤 1：根据预先设计好的线管走向使用开槽机开槽。

步骤 2：根据设计加工所需线管，见图 4—18。

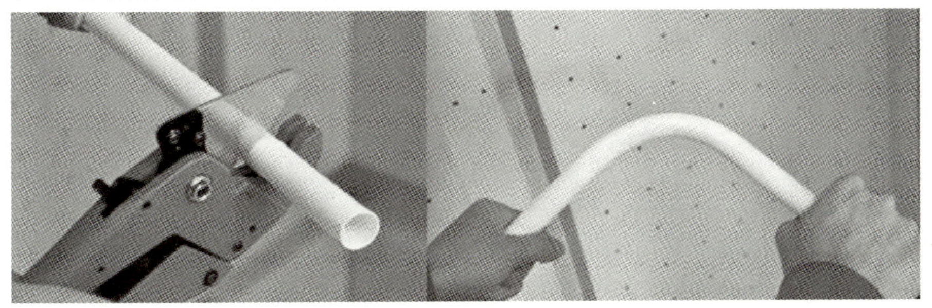

图 4—18　加工线管

步骤 3：埋管。将加工好的线管根据施工标准固定在槽内，见图 4—19。

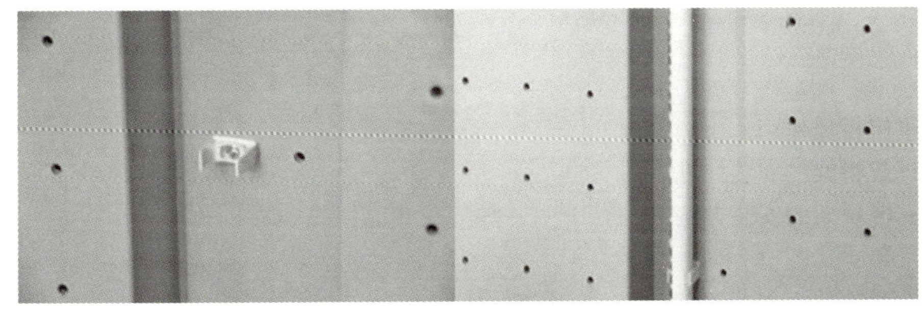

图 4—19　埋管

步骤 4：穿钢丝。将钢丝穿留在线槽内，方便后期布线。

二、明装管槽

步骤 1：确定管槽走向，在墙面标出管槽位置，注意横平竖直。
步骤 2：根据管槽走向和长度加工所需管槽。
步骤 3：固定管槽。根据施工标准将管槽固定在墙面上，见图 4—20。

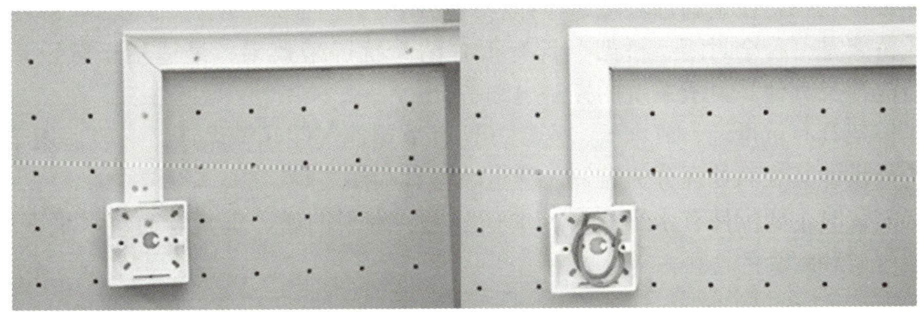

图 4—20　固定管槽

案例四　桥　架

案例描述

某公司机房原有布线使用地面桥架，长时间使用后出现盖板脱落、变形的情况，为改善这种情况，公司决定对机房内的布线采用墙面桥架方式进行改造。

学习目标

1. 了解桥架作用。
2. 理解桥架的安装标准。
3. 掌握桥架的安装方法。

理论知识

一、桥架概述

桥架是建筑物内综合布线不可缺少的一部分。桥架可以独立架设，也可以架设在各种建筑物或管廊支架上，具有结构简单、造型美观、配置灵活和维修方便等特点。桥架可以分为托盘式桥架、槽式桥架、梯级桥架等。

托盘式桥架是目前应用最广泛的一种，具有重量轻、载荷大、造型美观、结构简单等优点，既适用于动力电缆的安装，也适用于控制电缆的敷设。其表面处理分为镀锌、静电喷塑和热镀锌三种，在重腐蚀环境中应作特殊防腐处理。

槽式桥架是一种全封闭型桥架，具有很好的干扰屏蔽效果，最适用于敷设计算机电缆、通信电缆及其他高灵敏系统的控制电缆等。

梯级桥架具有重量轻、成本低、安装方便、散热透气性好等优点，一般适用于直径较大电缆的敷设。其表面处理分为镀锌、静电喷塑和喷漆三种。

桥架安装时主要配件有水平弯通、水平三通、水平四通、垂直弯通、水平变径三通、垂直变径弯通和配套的连接片等。

二、桥架安装标准

（1）桥架宜高出地面 2.2 米以上，桥架顶部距顶棚或其他障碍物不应小于 0.3 米，桥架宽度不宜小于 0.1 米，桥架内横断面的填充率不应超过 50%。

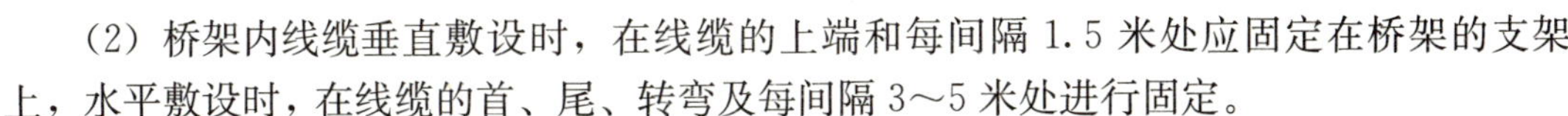

（2）桥架内线缆垂直敷设时，在线缆的上端和每间隔 1.5 米处应固定在桥架的支架上，水平敷设时，在线缆的首、尾、转弯及每间隔 3～5 米处进行固定。

（3）在吊顶内设置时，槽盖开启面应保持 80 毫米的垂直净空，线槽截面利用率不应超过 50%。

（4）在水平、垂直桥架中敷设线缆时，应对线缆进行绑扎。4 对线缆以 24 根为束，25 对或以上主干线电缆、光缆及其他信号电缆应根据缆线的类型、缆径、缆线芯数分束绑扎。绑扎间距不宜大于 1.5 米，且间距应均匀，松紧适度。

（5）桥架水平敷设时，支撑间距一般为 1.5～3 米，垂直敷设时固定在建筑物结构上的间距宜小于 2 米。户外立柱中跨距一般为 6 米。

（6）非直线段的支、吊架配置应遵循以下原则：当桥架宽度＜300 毫米时，应在距非直线段与直线结合处 300～600 毫米的直线段侧设置一个支、吊架；当桥架宽度＞300 毫米时，除符合上述条件外，在非直线段中部还应增设一个支、吊架。

（7）金属桥架直线段每隔 50 米应留伸缩缝 20～30 毫米。

实训案例

步骤 1：测量定位。标识桥架的安装位置，确定好桥架路由，做好标记。

步骤 2：桥架安装。将桥架举放到预定位置，利用螺丝与墙面固定。

步骤 3：将盖板固定，见图 4—21。

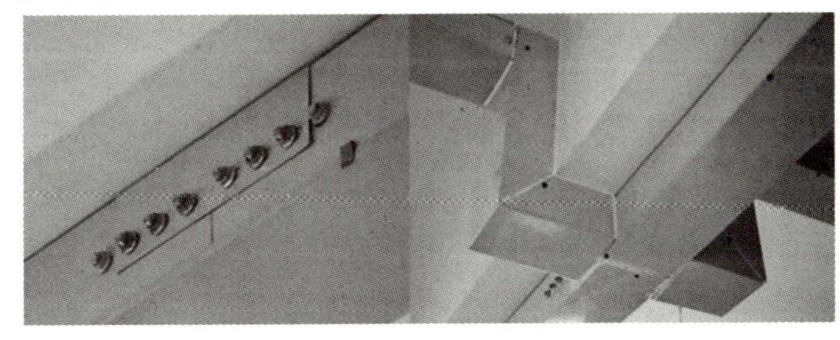

图 4—21　桥架

步骤 4：接地处理。先用镀锌连接板将分段镀锌桥架连接成一个整体，再将桥架与接地线相连，桥架整体与接地线应有不少于 2 处的连接。

案例五　机　柜

案例描述

某公司新购入一批网络机房中的网络设备，为了方便对设备的管理，需要将设备安装到相应的机柜中。

学习目标

1. 了解机柜的规格。
2. 掌握设备上架方法。

理论知识

机柜用来存放各类网络设备，可以对存放设备提供保护，屏蔽电磁干扰，使设备排列有序整齐，并且方便维护。通常以 U 为单位（1U=44.45 毫米）。

机柜一般分为服务器机柜、网络机柜和控制台机柜。标准的机柜宽度为 600 毫米，一般情况下服务器机柜的深度不小于 800 毫米，而网络机柜的深度则小于 800 毫米。

在选购机柜时，首先要列出所有需要安装在机柜内的设备，然后根据需安装设备的物理数据以及工程对机柜其他性能的要求，选购合适的机柜。

实训案例

步骤 1：固定架调整。根据安装到机柜内部网络设备的长、宽尺寸需求，调整机柜内部的固定架，并将固定架上紧。

步骤 2：根据设备安放的位置需求，在固定架上调整和添加挡板，见图 4—22。

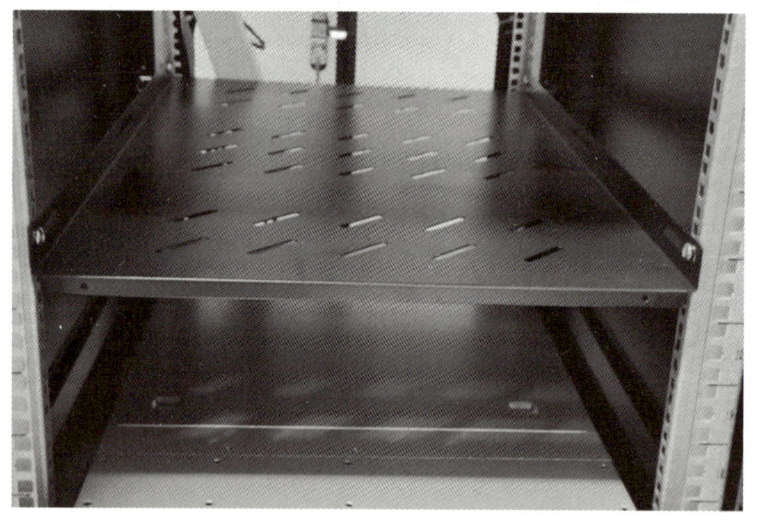

图 4—22　添加挡板

步骤 3：根据设备位置图安装螺母并将网络设备上架，见图 4—23 及图 4—24。

步骤 4：整理线路。将机柜内部的网线、电源线等进行分组捆扎整理，通过理线架分配到各网络设备。

图 4—23　安装螺母

图 4—24　设备上架

步骤 5：网线贴标。所有网线整理好以后，对网线进行相应编号，并用贴纸缠绕到网线上，见图 4—25。

步骤 6：联电测试。安装整理完毕后，接通电源进行网络连通测试。

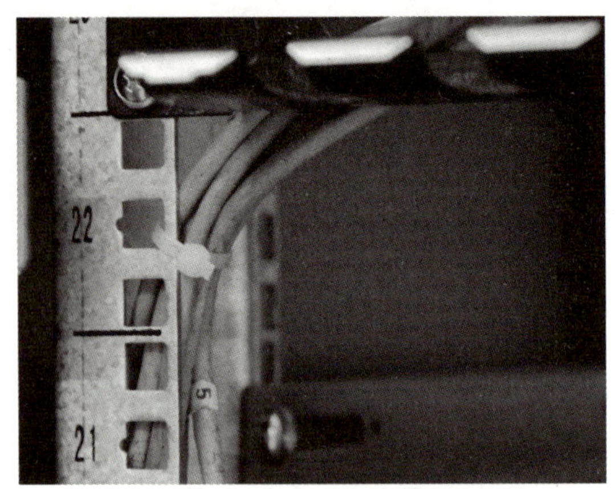

图 4—25 线缆绑扎及编号

案例六 配线架

案例描述

某公司原有网络是将信息点直接接入到交换机上，如果线缆一旦出现问题，就需要对整根线缆进行重新布线。另外，大量线缆缠绕在一起，维护极其不便。现公司网络升级需要利用配线架来统一连接各信息点，进行模块化管理，然后利用跳线连接交换机。

学习目标

1. 了解配线架的作用。
2. 掌握配线架打线方法。

理论知识

配线架是管理子系统中的重要组件，是用跳线连接的配线装置器，主要用来连接水平子系统和垂直干线子系统，通常安装在机柜内。

网络工程中常用的配线架有双绞线配线架和光纤配线架。

双绞线配线架的作用是在管理间子系统中将双绞线进行交叉连接，大多用于水平配线。前面板是用于连接集线设备的 RJ-45 端口，后面板用于连接从水平子系统布线过来的双绞线。双绞线配线架主要有 24 口和 48 口两种形式，见图 4—26。

光纤配线架的作用是在管理间子系统中将光缆进行连接，通常用于垂直干线子系统和建筑群子系统。

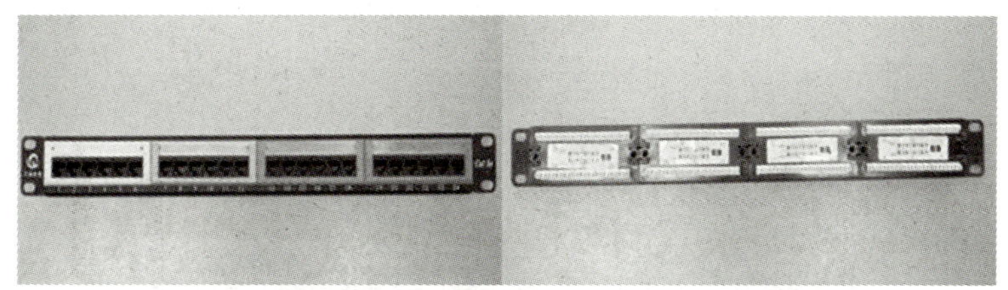

图 4—26　双绞线配线架

实训案例

步骤 1：利用剥线工具将双绞线外皮剥离，露出 5 厘米左右的线芯，见图 4—27。

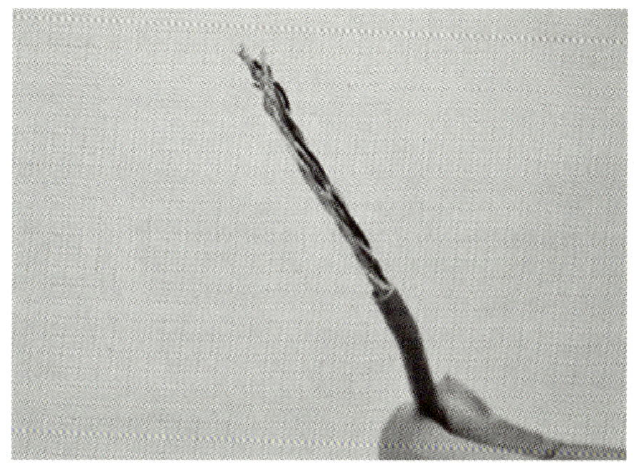

图 4—27　剥线

步骤 2：按照模块上所指示的色标，将 8 根线芯分别压入相应的卡线槽内，见图 4—28。

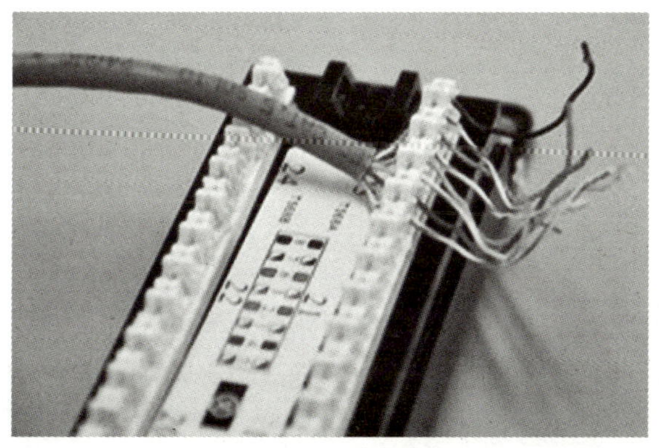

图 4—28　卡线

步骤 3：用打线工具把已卡入到卡线槽中的线芯打入到卡线槽底部（见图 4—29），以使线芯与卡线槽接触良好、稳固。

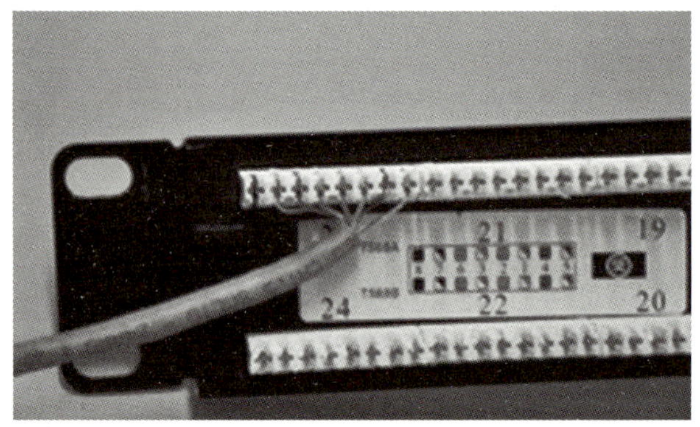

图 4—29　打线

步骤 4：在线的另一端做水晶头，利用一根跳线完成测试，见图 4—30。

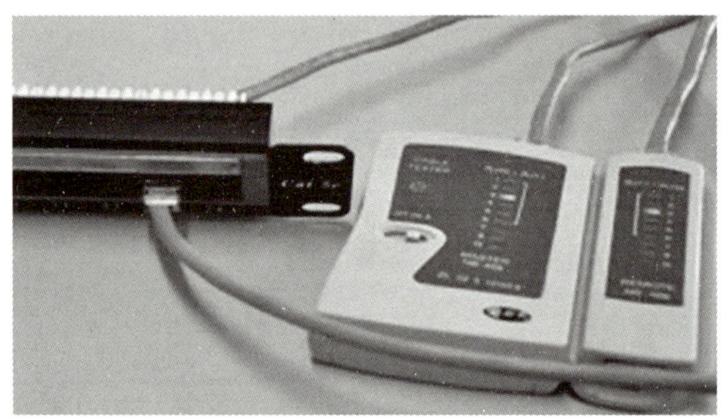

图 4—30　测试

案例七　光　纤

案例描述

某公司网络在使用的过程中，由于网络线路损坏影响正常使用。工程师通过检测发现是某根光纤折断导致网络故障，要想快速地修复故障必须进行光纤熔接。

学习目标

1. 了解光纤的工作原理。
2. 掌握光纤熔接方法。

理论知识

光纤是一种由玻璃和塑料制成的纤维，利用光的全反射将信息从一端传送到另一端的媒介，是数据传输中最有效的一种传输介质。光纤由折射率高的纤芯、折射率低的硅玻璃包层和塑料外套组成，如图 4—31 所示。

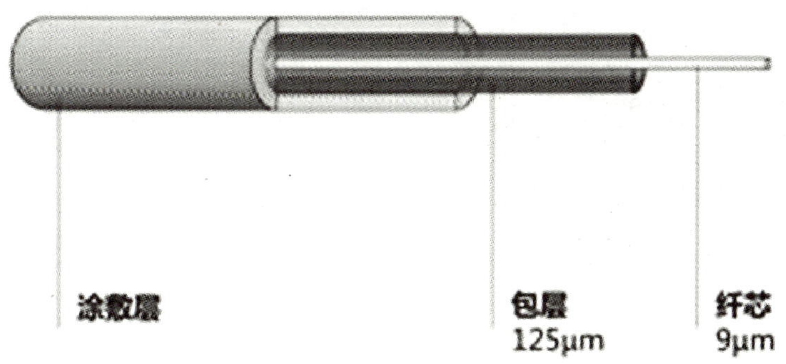

图 4—31 光纤

光纤传输的是光信号而不是电信号，因此光纤具有传输损耗低、传输频带宽、抗干扰性强和安全性能高等特点。

光纤按照传输模式可以分为单模光纤和多模光纤。单模光纤的纤芯直径为几微米，接近波长，只能传输一种模式的光，传输频带宽，传输容量大。光信号可以沿着光纤的轴向传播，因此光信号的损耗小，离散也很小，传播的距离较远。多模光纤的纤芯直径为 50 微米，远大于波长，可以传输多种模式的光，与单模光纤相比较，其损耗较大，离散也大，传输性能要差一些。

实训案例

步骤 1：剥纤。将光纤穿过热塑管，利用光纤剥线钳剥去纤芯上的涂层，再用酒精清洁棉在裸纤上擦拭几次，见图 4—32。

步骤 2：切割光纤。利用光纤切割刀切割光纤，保留裸线长度为 10～15 毫米，见图 4—33。

步骤 3：放置光纤。将光纤放在熔接机的 V 形槽中，小心压上光纤压板和光纤夹具，光纤应尽量靠近电弧，见图 4—34。

步骤 4：熔纤。关上防风罩，熔接机进入操作界面，按 set 键，熔接机进入全自动熔纤过程，见图 4—35。

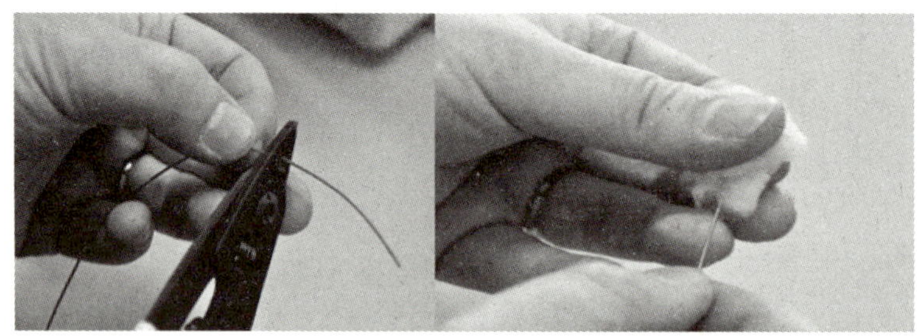

图 4—32　剥纤

图 4—33　切割光纤

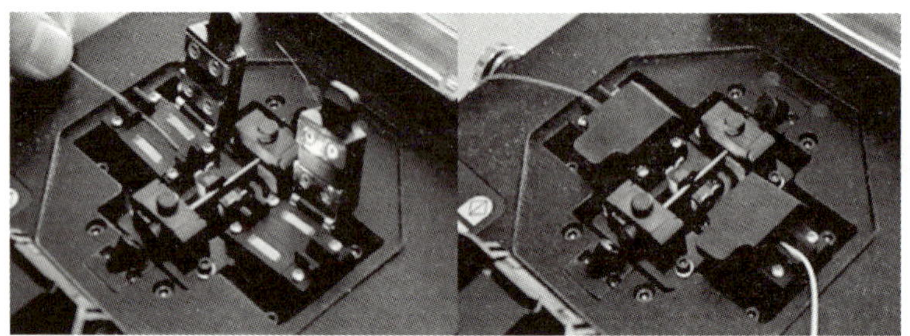

图 4—34　放置光纤

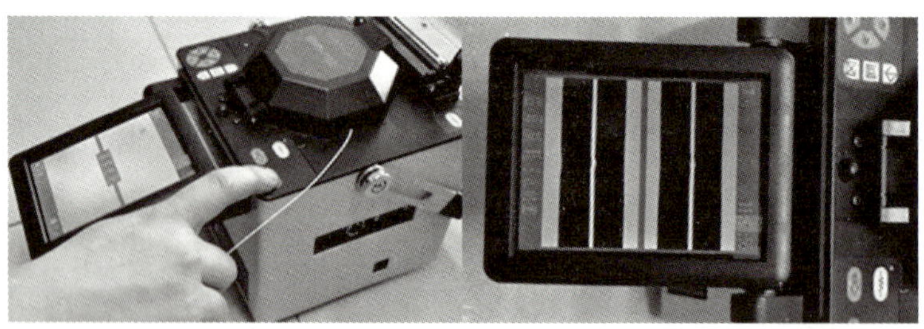

图 4—35　熔纤

步骤 5：加热热塑管。将熔好的光纤移出并放入到加热槽中，按下加热键对热塑管加热，见图 4—36。

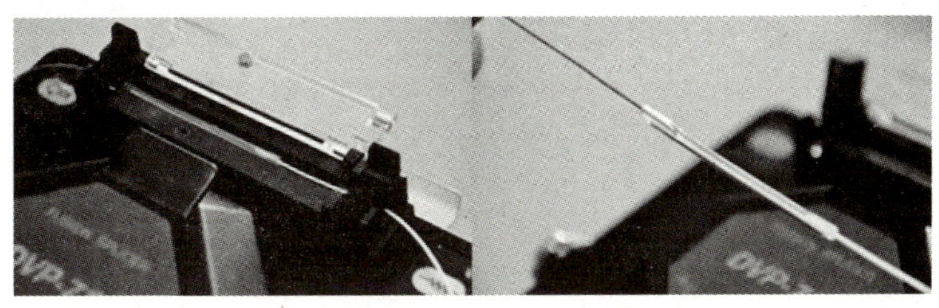

图 4—36　加热热塑管

模块小结

本模块主要讲解在综合布线施工过程中跳线的制作、模块端接、配线架端接、线槽和线管敷设、机柜的安装与设备上架、光纤熔接等操作过程。

练习

1. 制作一根长 1 米的直通线并测通。

2. 按照 T568B 标准端接数据模块和配线架的 1 端口并测通。

3. 在实训墙上进行线槽及线管的敷设，路由自定。线槽在实训墙上阴角、阳角至少各一处，线管拐弯处自制且不能使用弯头，线管和线槽各穿超 5 类双绞线 1 根，线缆一端端接模块并安装底盒面板，另一端端接配线架 1、2 口并安装在 6U 壁挂机柜上。端接按照 T568B 标准并测通。

4. 使用光纤熔接机等设备熔接一根 6 芯多模光纤。

模块五

子系统施工

××市××学校第一教学楼需进行网络综合布线升级改造。教学楼共四层，每层 21 个房间。一、二层共用 111 房间作为楼层管理间，三、四层共用 311 房间作为楼层管理间，同时 111 房间还作为建筑管理间。第一教学楼布线后将通过光纤连接网络中心形成新的校园网络。

案例一　工作区子系统

案例描述

工作区子系统是从信息插座到用户终端设备的区域。××学校第一教学楼的工作区采用每个房间一个双口信息插座，同时具备数据和语音两种信号。

学习目标

1. 了解并掌握工作区子系统的施工标准。
2. 了解并掌握工作区子系统的施工流程。

理论知识

一、工作区子系统的施工标准

（一）敷设美观

对于信息插座，在敷设时应考虑工作区内的布局情况，即信息插座在今后的使用过程

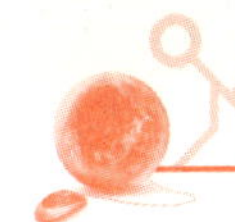

中是否需要用家具遮挡，并且安装时应保证信息插座不出现歪斜现象。

（二）距离

信息插座安装在墙面时应距离地面 30 厘米以上，且信息插座与用户终端设备的距离不应超过 5 米。

（三）接口

信息插座接口一般应与终端设备接口一致，否则需用相应的转接线缆。

二、对信息插座的选择

（一）接口数量

双口信息插座用于数据和语音信号同时传输在同一路由，一般适用于办公环境；单口信息插座用于独立的数据或语音信号传输路由，一般适用于家庭环境。

（二）插座类型

现在的信息插座都具有防尘罩。墙面信息插座一般用于办公或居民建筑中；地面信息插座一般用于会议室、展览馆等。地面信息插座一般选用金属外壳，防践踏，并考虑防水。

（三）信息点插座底盒

墙面底盒为长 86 毫米、宽 86 毫米的正方形，分为暗装和明装两种，称为 86 系列。地面安装底盒比墙面安装底盒大，为长 100 毫米、宽 100 毫米的正方形，深度为 55 毫米或 65 毫米，一般只有暗装底盒。

三、信息点暗装

（一）开槽

使用云石锯和电镐（见图 5—1）开挖暗槽。挖槽前应注意墙体原强电布线路由。

图 5—1　云石锯及电镐

（二）敷设暗盒线管

在暗槽中敷设线管和底盒，见图 5—2。

图 5—2　线管和底盒

（三）安装信息点

在面板上安装模块，并按 T568B 标准进行端接，具体操作请参考模块四。安装完毕的信息插座如图 5—3 所示。

图 5—3　信息插座

案例二　水平配线子系统

案例描述

第一教学楼水平配线子系统采用地面暗埋管路方式进行布线，这种方法安全、美观，是常用的水平子系统布线方式之一。

学习目标

1. 了解并掌握水平配线子系统的布线标准。
2. 了解并掌握水平配线子系统的布线方法。

理论知识

水平子系统指从工作区子系统的信息插座到管理间子系统的配线架之间的连接。布线一般采用地面暗埋管路、桥架走廊吊顶或天花板内布线方式。但不管采用何种布线方式，水平子系统的敷设线缆长度一般不超过 90 米，且弱电线缆和强电线缆需使用同一路由时，应分管敷设或至少间隔 15 厘米。

一、地面暗埋管路

地面暗埋管路方式是在水平子系统的路由地面上预埋管路后覆盖瓷砖或地板的布线方法。此种布线方法一般适用于建筑土建初期或建筑重新土建装修情况，并且需要在明确水电管路的路由后对弱电路由进行规划设计施工，不适用于成型建筑后期的布线升级。

此种方法在预埋管路时应穿牵引线，方便后期线缆敷设，并要求线管内壁光滑、接口无毛刺，线缆横截面积最多不能超过线管横截面积的一半。

另外，多条管路应尽量避免交叉。如必须交叉，在深度允许的情况下需用弯头进行规避或使用接线盒连接，见图 5—4。

采用暗埋方式布线应考虑防水，在土建完成后不利于进行维护。

图 5—4　地面暗埋管路

二、桥架

在水平子系统布线过程中，使用桥架也是常见方式之一。此种方法一般适用于大型建筑的楼梯间或厂房敷设，另外在机房中也经常采用桥架方式进行敷设布线。

桥架敷设电缆可以为弱电或强电线缆。敷设弱电时，电缆横截面积一般不超过桥架横截面积的 50%；敷设强电时，电缆横截面积一般不超过桥架横截面积的 40%。另外，选择桥架时应考虑布线环境，如温度、湿度、是否需要防火等，还应考虑桥架的承重能力，这样才能选购到合适种类和材质的桥架。

桥架在敷设过程中应按标准在 1.5 米至 3 米间进行固定，在转角或变形的 50 厘米处应设固定点。桥架内的线缆也应固定绑扎，不能出现绕结。另外，还应考虑桥架的接地问题。由于二、四层没有单独的楼层管理间，所以二、四层水平布线后通过桥架方式从上连接到楼层配线间，见图 5—5。

图 5—5　桥架

三、天花板内布线

天花板内布线（见图 5—6）方法灵活，线缆路由受限因素较小，并节省工程造价。在布线过程中可以采用分区域的方法进行敷设，线缆容量较大。但对于已经在天花板上安装桥架的布线升级工程来讲，由于天花板和桥架的间隙不大，可能造成敷设困难的情况。此种方法经常用于摄像头监控或语音广播布线升级工程。

图 5—6 天花板内布线

案例三 垂直干线子系统

案例描述

垂直干线子系统通道一般可以使用电缆孔、管道和竖井三种方式。第一教学楼由于每两层共用一个楼层管理间且 211 房间和 411 房间还作为办公地点，出于安全考虑且线缆较少，垂直子系统采用暗埋管道方式进行布线。

学习目标

1. 了解并掌握垂直干线子系统的布线方式。

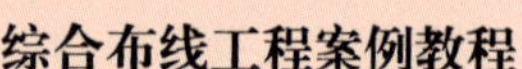

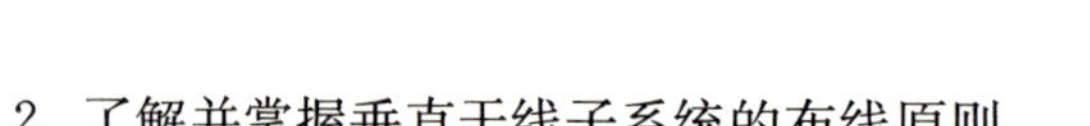

2. 了解并掌握垂直干线子系统的布线原则。

理论知识

垂直干线子系统一般采用星型拓扑结构，主要负责不同楼层管理间的数据交换。由于是主干线路，所以必须从安全稳定、带宽流量等多方面考虑。

一、垂直干线子系统的布线方式

（一）电缆孔

在各层楼板预留圆孔，孔内有较短的预埋金属管，金属管一般高出地面 2.5 厘米以上。线缆通过金属管后往往缠绕在钢绳上并固定在墙面上。此种方法要求楼层配线间在同一位置且开口位置一致。

（二）竖井

竖井为方孔，一般宽 30 厘米，并有 2.5 厘米高的井栏。与电缆孔方法类似，但由于可以使不同直径的线缆通过，所以比较灵活。

不论是电缆孔还是竖井，防火和防烟的能力都较差。

（三）管道方式

可以使用明、暗两种布线方式，另外还可以使用桥架进行垂直干线子系统的布线。若垂直系统的线缆数量较少，且后期扩展的可能性不大，那么可以采用暗埋管道方式。

二、垂直干线子系统的布线原则

（一）拓扑结构

垂直干线子系统一般连接建筑设备间和楼层管理间，必须采用星型拓扑结构。另外，垂直系统并不是字面上的简单垂直，其布线也可能有水平方向的，如火车站、机场等垂直系统。

（二）线缆类型

垂直系统作为网络汇聚层会交换各种各样的大量数据，一般使用光纤敷设，语音传输

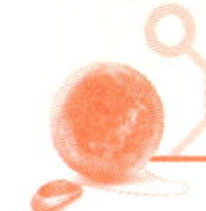

使用大对数线敷设。另外，由于考虑到信息点数量和类型，因此在编制预算时要考虑光纤的芯数。

需要注意的是：光纤应与大对数线分开布线，光纤在布线时应严格遵循其曲率半径的转弯要求，不能直角转弯。

（三）转接点

由于垂直系统的路由一般都比较短，所以在实际的施工过程中不允许有转接点。

（四）安全可靠性

垂直系统布线中，应对光纤等线缆做备份。可以另外使用光纤备份，也可用双绞线在交换机上配置链路聚合实现。

若使用金属桥架，应接地避免雷击及远离强电避免电磁干扰。

案例四 管理间子系统

案例描述

管理间是楼层信息点的数据交换中心，也是楼层间信息交换的节点。第一教学楼中，由于每层信息点数量不多，所以每两层共用一个管理间。管理间分别为 111 房间和 311 房间。

学习目标

1. 了解并掌握管理间子系统的作用。
2. 了解并掌握管理间子系统的设计原则。

理论知识

一、管理间子系统的作用

管理间子系统又称为电信间或者配线间，一般使用一个单独的空间，包括楼层机柜、

配线架、交换机等配线设备。管理间子系统连接水平配线子系统和垂直干线子系统，一般设置在楼层的中间位置。在高层建筑物中，每层应单独设置管理间或每两层设置一个管理间。管理间一般要求在各层的位置相同。

二、管理间子系统的设计原则

（一）编号

在管理间中线缆两端与配线架端口的编号应一致，一般的做法是在线缆上用标签进行标记。标签上的文字应打印，不能手写。配线架上的端口编号应用贴纸或插入到编号框中。编号应用英文或数字，不允许出现中文。

另外，应建立端口对照表文档，此文档的设计及填写方法请参考本书模块八。

（二）预算

管理间是设备及线缆的集中地点，应对所需的交换机、配线架等设备，机柜规格、数量，以及光纤配件等编制详细预算。预算编制方法请参考本书模块九。

（三）管理间面积

管理间面积应不小于 5 平方米。为了便于网络施工维护，机柜前后应分别空出 80 厘米和 60 厘米的空间。另外，壁挂机柜安装时与地面距离应不少于 180 厘米。

（四）环境因素

由于管理间中的设备不能停机，所以应保持 24 小时供电，且电源必须具有保护接地，如有必要应加装 UPS。

散热也是必须考虑的内容。在管理间中应使用空调保持常温，避免太阳直晒，通常温度为 5℃～35℃，湿度为 20％～80％。

管理间的门应使用防火阻燃材质，宽度不小于 70 厘米。

（五）机柜设备

机柜设备在上架时应将同种设备连续安装，并预留 1U 空间以便散热，上下留出冗余空间便于设备拓展，线缆应用理线架理清并绑扎在机柜导轨上。教学楼管理间机柜如图 5—7所示。

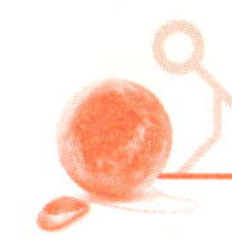

图 5—7　管理间机柜

案例五　设备间子系统

案例描述

第一教学楼布线工程结束后，需加入到校园网中。校园网网络中心机房设置在图书馆二楼，设备间子系统的设计和建设应严格遵循 ANSI/EIA/TIA 569 的规定。

学习目标

1. 了解掌握设备间子系统的作用。

2. 了解掌握设备间子系统设计标准。

理论知识

设备间是综合布线系统这种树型网络结构的顶点，是整个网络的设备集中区。网络中的各个管理子系统通过垂直子系统连接到设备间并由此接入到外部网络，因此，在综合布线工程中，对设备间的设计和施工要求尤其严格。设备间子系统一般设置在建筑物的一层或二层，不能设置在地下或顶楼，由于需要大量的设备，一般设置在电梯旁边以方便检修及更换。

一、设备间设计要求

（一）建筑结构

设备间层高一般要求至少 2.5 米，门宽和高至少为 1.5 米和 2.1 米，使用防静电地板，承重要求 B 级至少 300 千克/平方米（A 级至少 500 千克/平方米）。地板下采用桥架布线，如图 5—8 所示。

图 5—8　地板下桥架

（二）面积要求

设备间面积应不小于 20 平方米。对于已选型设备，设备间面积应为设备总占地面积的 5～7 倍；若未选型，则应为设备总台数的 5 倍左右，见图 5—9。具体的预算编制方法请参考本书模块九。

图 5—9　校园网中心机房

（三）温度和湿度

设备间对温度和湿度的要求也很高，一般需要在设备间安装感应器（见图 5—10）以随时对温度和湿度进行检测并调整。

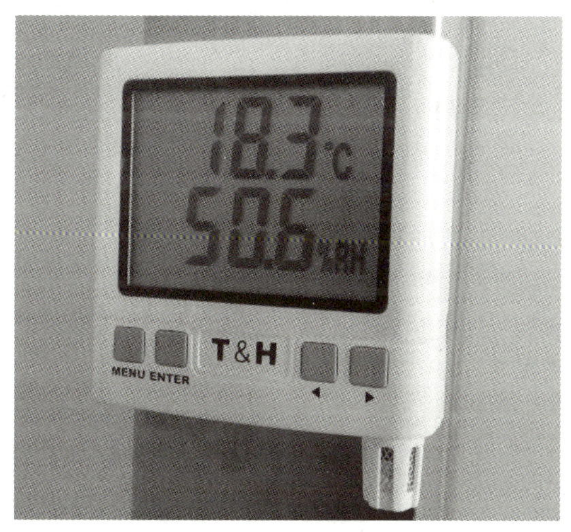

图 5—10　温湿感应器

（四）尘埃

空气中尘埃含量过高会影响设备的使用寿命，所以设备间应定期打扫，保持清洁，在进入设备间时应穿鞋套。

（五）照明

设备间应提供足够的照明以便在紧急情况下对设备间内的设备进行操作和维护，并应

配有紧急照明系统。

（六）噪声

人耳所能承受的噪声在 80dB（分贝），设备间的设备运行噪声应在 70dB 以下，否则，会对工作人员的身心健康造成极大的影响。

（七）供电

设备间应提供稳定持续的电压，需要使用 UPS。设备间对供电要求电压、频率和波形失真率划分为三级标准。专用的 UPS 电源可以随时监测电源供电情况，如图 5—11 所示。

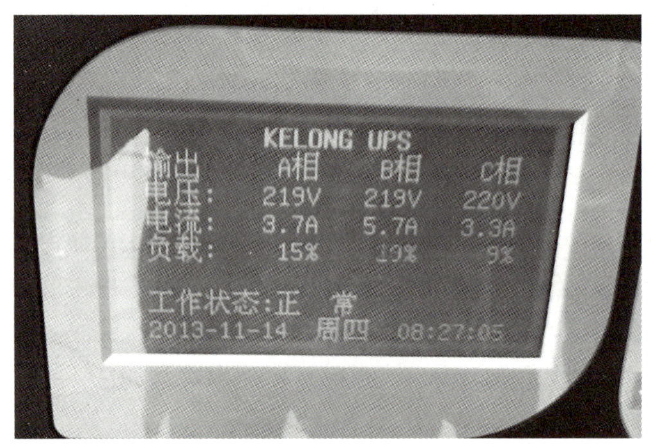

图 5—11　UPS

（八）防火

设备间防火一般使用烟感、火灾报警器及灭火器等设备，如图 5—12 及图 5—13 所示。尤其要注意灭火器的选型，避免在灭火时产生二次破坏，如水、干粉及二氧化碳灭火器。

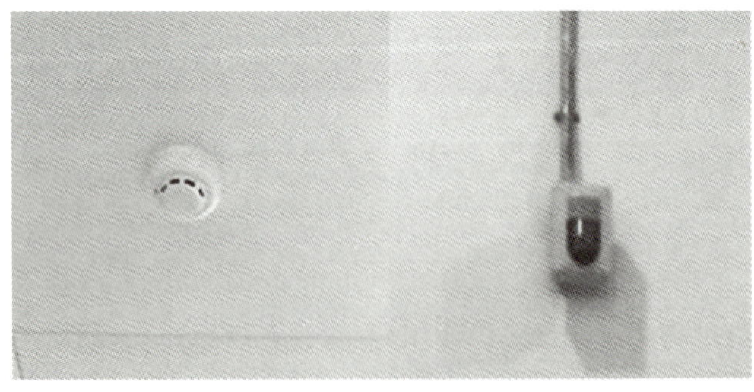

图 5—12　烟感及报警器

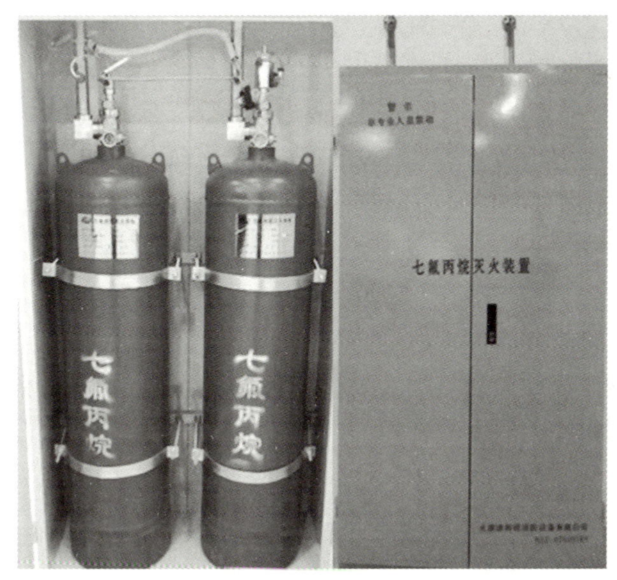

图 5—13　灭火器

设备间子系统中其他要求规范在此不一一赘述，请读者自己参考相关标准资料。

二、设备间线缆敷设

（一）地板下敷设

由于地板下空间较大，所以适用于线缆较多的情况，路由自由灵活，不仅可以减少线缆成本，而且便于维护。但对地板要求较多，且降低了设备间空间净高，总体造价较大。

（二）沟槽或预埋管路敷设

在地板及墙壁预先挖好的沟槽或预埋的管路中布线，维护方便，造价较低。但必须与土建同时进行，且路由受限，灵活度不高。

（三）走线架敷设

在设备间上沿墙壁安装走线架，一般为梯式或网状桥架。这种方式不受土建影响，可以最后安装，便于施工维护，一般适用于高层建筑。

案例六　建筑群子系统

案例描述

第一教学楼布线工程结束后需加入到校园网中。由于中心机房并未设置在第一教学楼，所以需要进行建筑群子系统布线。

学习目标

1. 了解并掌握建筑群子系统布线方式。
2. 了解建筑群子系统布线需考虑的因素。

理论知识

一、建筑群子系统布线方式

（一）架空线缆布线

这种方式适用于在建筑物之间有现成的线杆。这种方式造价较低且无特别技术要求，路由单一，灵活性较差，又因线缆无任何防护措施导致安全性较差。

（二）直埋布线

在选定的路由上挖沟敷设，线缆直接埋于地面 60 厘米以下。这种方式电缆无任何防护措施，由于地质疏松、多雨或碾压、踩踏等原因会造成线缆破损，且在公共道路上挖沟还要到相关部门获取资质及办理相关申请手续，造成施工周期较长。需要注意的是，多种电缆敷设在同一沟中应设置明显的共用标志。

（三）隧道内布线

建筑物之间一般都有供暖、供水等管道，这种方式直接使用已存管道进行敷设，可以降低布线成本。但在管道内极有可能产生泄漏情况，所以一般安装在高处并与现有管道拉开距离。

（四）管道内布线

这种方式不破坏建筑物外观，可以随时进行敷设和扩充，并提供了良好的保护机制。但是开管道及敷设的成本较高，需要用到专业设备和仪器。开管道时需要用到非开挖铺管钻机（也称拉管机）和导向仪，如图 5—14 及图 5—15 所示。

图 5—14　非开挖铺管钻机

图 5—15　导向仪

在钻机打孔过程中，通过导向仪控制钻机钻杆的角度和位置，最后拉入保护管并敷设光纤，见图 5—16。

图 5—16　管道内布线

二、建筑群子系统布线需考虑的因素

（一）环境

建筑群子系统很多情况下需在室外布线，所以应考虑环境因素。如是否多雨天气、是否有酸性气体腐蚀、是否是砂质地质等。应按环境条件选择合理的布线方法和线缆材质。

（二）路由

为节省成本，应尽量选择较短的路由，同时需要考虑到其他水、电、气等管路，尽量和电力线缆区分开并保持距离。

（三）线缆

一般情况下，建筑群子系统布线线缆采用光纤。当布线距离大于 2 千米时，可选用单模光纤；小于 2 千米时，可以选择多模 62.5μm/125μm 光纤。语音线路一般采用大对数线，有线电视可以使用同轴电缆或光纤。

使用线缆进行布线时，应考虑安全措施。如线缆加装金属管路防护或镀锌桥架、光纤使用铠装类型，并注意防雷、防电磁干扰及接地问题。

模块小结

本模块主要介绍综合布线六大子系统的施工方法和标准，在案例的基础上对各个子系统的施工过程、使用的设备仪器及注意事项进行了比较详细的描述。

练习

1. 工作区的施工标准有哪些？
2. 水平子系统的布线方法有哪些？各适用于什么情况？
3. 垂直子系统的布线方法各有什么特点？
4. 管理间和设备间对环境有哪些要求？
5. 建筑群子系统有哪些布线方式？不同方式各有什么特点？

模块六

测试及验收

××市××学校第一教学楼综合布线施工结束后，应对其进行测试验收。测试验收是指用电缆、光缆测试仪器对综合布线工程进行的现场测试。在工程施工过程中、施工结束后及试运行期间都要进行相应的测试检查和验收。

案例一　线缆电气性能测试

案例描述

××市××学校第一教学楼综合布线工程结束后对线缆系统进行测试。在测试过程中应重点关注其相关电气参数。

学习目标

1. 了解线缆电气性能参数。
2. 了解参数的含义。

理论知识

一、双绞线测试

（一）接线图

接线图指线缆两端的打线方式是否匹配。电缆一般采用直通线，即线缆两端使用 T568B

标准。在以太网里规定了 pin1、pin2 负责网络数据的发送，pin3、pin6 负责网络数据的接收，见图 6—1。

图 6—1　正确接线图

测试接线图时，可能会出现如下错误：

1. 开路

开路是指线路中有断开现象。一般是由于水晶头压接不到位或电缆自身损坏造成的。

2. 短路

线路中有一根或多根线铜芯互相接触，导致短路。一般是剥线时损坏了绝缘层造成的。

3. 错接或跨接

两端的打线方式不一样。一般是排线错误或将线缆插入水晶头时线缆排列不紧凑造成的。

4. 反接

某对线的顺序接反。

（二）长度

我们所说的长度是线缆绕对的长度，并不是线缆表皮的长度，因为一般来说绕对的长度要比表皮的长度长，并且 4 对绕对的线缆可能长度不一，这是由于每对绕对的绞率不同。在测试仪中，长度单位会出现英尺（ft），见图 6—2。

长度 (ft)，极限值 328	线对 45]	169
传输时延 (ns)，极限值 555	线对 12]	258
时延偏离 (ns)，极限值 50	线对 12]	9
电阻值 欧姆)	线对 36]	19.5
衰减 (dB)	线对 12]	12.7
频率 (MHz)	线对 12]	100.0
极限值 (dB)	线对 12]	24.0

图 6—2　长度测试

（三）近端串扰

近端串扰（Near End Cross-Talk，NEXT）是指在 UTP 电缆链路中，一对线与另一对线之间因信号耦合效应而产生的串扰，是对性能评价的最主要指标。近端串扰用分贝来度量，分贝值越高，线路性能就越好，有时它也被称为线对间 NEXT。NEXT 测试如

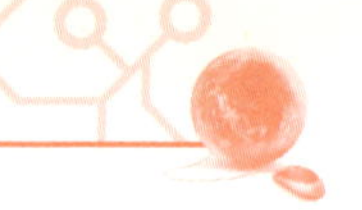

图 6—3所示。

通过	主机	智能远端	主机	智能远端
最差线对	12-36	36-45	12-36	36-45
NEXT (dB)	13.5	11.6	13.8	12.3
频率 (MHz)	57.8	84.0	99.0	94.3
极限值 (dB)	34.2	31.4	30.2	30.5

图 6—3　NEXT 测试

(四) 回波损耗

回波损耗 (Return Loss，RL)，又称为反射损耗，是电缆链路由于阻抗不匹配所产生的反射，是一对线自身的反射。不匹配主要发生在连接器的地方，但也可能发生于电缆中特性阻抗发生变化的地方，所以施工的质量是提高回波损耗的关键。RL 测试如图 6—4 所示。

通过	主机	智能远端	主机	智能远端
最差线对	36	36	12	36
RL (dB)	7.6	5.5	10.5	10.7
频率 (MHz)	7.9	7.8	99.3	97.5
极限值 (dB)	17.0	17.0	10.0	10.1

图 6—4　RL 测试

(五) 衰减

衰减指链路中传输所造成的信号损耗 (以分贝表示)。衰减过大会造成电缆链路传输数据不可靠。造成衰减的原因主要有电缆材料的电气特性和结构、不恰当的端接、阻抗不匹配形成的反射。

当然，对于专业的测试仪，测试结果参数远不止上述这些。图 6—5 是一个完整的线缆测试报告例子。

二、光纤测试

光信号在光纤链路传输过程中，会造成一定的传输损耗。这种损耗造成的原因主要有光纤自身长度、传导特性、链路中连接器的数量。在对光纤链路进行测试时，主要测试光纤的衰减值 (Loss)，如果衰减小于极限值 (Limit)，则说明测试通过。当损耗超出某极限值时，说明光纤链路有缺陷。如果损耗过大，可能是连接器损坏或光纤接续有问题。

在对光纤链路进行测试时，需要保证光纤接头端面平整并进行有效的清洁，这样才能保证测试后的结果是可靠的。

电缆识别名：TO1—1　　　　测试总结果：通过

日期／时间：02/26/2013 10:11:49am
余量：11.6 dB (NEXT 36—45)
测试限：TIA Cat 5e Channel
电缆类型：Cat 5e UTP

操作人员：ZHK
软件版本：1.0100
NVP：69.0%

型号：DTX-LT
主机 S/N 8716079
远端 S/N 8716080
主机适配器：DTX-PLA001
远端适配器：DTX-PLA001

接线图 (T568B) 通过

1 2 3 4 5 6 7 8
| | | | | | | |
1 2 3 4 5 6 7 8

项目	线对	值
长度 (ft)，极限值 328	线对 45	169
传输时延 (ns)，极限值 555	线对 12	258
时延偏离 (ns)，极限值 50	线对 12	9
电阻值 (欧姆)	线对 36	19.5
衰减 (dB)	线对 12	12.7
频率 (MHz)	线对 12	100.0
极限值 (dB)	线对 12	24.0

通过	最差余量 主机	最差余量 智能远端	最差值 主机	最差值 智能远端
最差线对	12—36	36—45	12—36	36—45
NEXT (dB)	13.5	11.6	13.8	12.3
频率 (MHz)	57.8	84.0	99.0	94.3
极限值 (dB)	34.2	31.4	30.2	30.5
最差线对	36	45	36	45
PSNEXT (dB)	14.3	12.7	15.2	12.7
频率 (MHz)	84.0	84.3	98.3	84.3
极限值 (dB)	28.4	28.4	27.2	28.4

通过	主机	智能远端	主机	智能远端
最差线对	12—36	36—12	45—36	36—45
ELFEXT (dB)	14.2	14.3	18.3	18.8
频率 (MHz)	1.0	1.0	99.0	99.0
极限值 (dB)	57.4	57.4	17.5	17.5
最差线对	36	12	36	45
PSELFEXT (dB)	16.4	16.8	19.9	20.7
频率 (MHz)	1.0	1.0	98.8	99.3
极限值 (dB)	54.4	54.4	14.5	14.5

不适用	主机	智能远端	主机	智能远端
最差线对	12—36	12—36	12—36	36—45
ACR (dB)	16.6	14.5	26.5	25.1
频率 (MHz)	2.3	1.6	99.0	94.3
极限值 (dB)	54.3	56.9	6.3	7.3
最差线对	36	36	36	45
PSACR (dB)	17.2	14.7	27.9	27.4
频率 (MHz)	2.3	1.6	98.3	100.0
极限值 (dB)	51.3	53.9	3.4	3.1

通过	主机	智能远端	主机	智能远端
最差线对	36	36	12	36
RL (dB)	7.6	5.5	10.5	10.7
频率 (MHz)	7.9	7.8	99.3	97.5
极限值 (dB)	17.0	17.0	10.0	10.1

衰减　NEXT　远端近端串扰　ELFEXT　远端等效远端串扰　ACR　远端衰减串扰比　RL　远端回波损耗

（各图：纵轴 dB，横轴 频率 (MHz)，0～100）

项目：YIKEDAXUE
地点：KEYANNANLOU

FLUKE networks

无标题的.flw

图 6—5　测试结果

三、测试模型

（一）永久链路

永久链路又称为基本链路，是综合布线的固定链路部分，一般是指从信息点到配线间的配线架。永久链路的水平系统最长 90 米，在测试时可以包括两端最长 2 米的跳线。永久链路的测试必须由施工方完成。

（二）用户信道

用户信道是在永久链路的基础上延伸出配线设备跳线和工作区跳线，两端跳线总长度不超过 10 米。

在测试过程中，只进行永久链路测试而不进行用户通道测试是不正确的做法。尤其是在使用六类线的综合布线系统中，通道两端的跳线电缆可能会成为瓶颈。所以在实际测试中，信道比永久链路的测试参数要求更为严格。

测试后应将测试报告装订成册，出现问题应及时返工。值得注意的是，综合布线所使用的材料最好是同一品牌，在开工前应对产品进行抽样检测。

案例二　现场测试验收

案例描述

××市××学校第一教学楼综合布线工程结束后进行初步验收，在综合布线系统运行半年后进行竣工验收。验收工作由学校基建人员、施工单位人员及监理人员共同完成。

学习目标

1. 了解验收过程。
2. 了解并掌握验收方法和内容。

理论知识

验收工作是综合布线工程竣工后的重要工作环节，一般由施工方、用户方及监理单位按照验收标准共同参与实施，也可以邀请第三方如质检部门或认证服务提供商参与验收。

验收是保证工程质量的重要手段。

一、验收阶段

（一）初步验收

初步验收是在综合布线工程施工调试结束后进行，主要检查工程的施工质量，并审查施工单位向用户提交的竣工资料，包括图纸、使用设备及材料清单、安装记录、测试报告等。对发现的问题提出处理意见并组织整改落实。

（二）竣工验收

竣工验收是综合布线系统在经过一段时间的运行使用后进行的验收，主要针对工程质量及传输性能进行验收。在验收时，应提交试运行记录。

（三）边施工边验收

综合布线的工程验收并不局限于完整工程施工结束后的验收，在建设过程中随时可以进行验收，这样可以直接了解施工单位的施工水平及质量，有助于及早发现问题，避免人力、物力的浪费。一般在大中型综合布线项目中建议使用此种验收方法。

二、检查验收内容

（一）施工前

综合布线工程一般是在土建工程后进行，主要检查墙面、地面、楼梯间等建筑结构及预留孔洞。另外对施工时需使用的电源及其位置进行检查，最重要的是检查电源是否安全接地。

施工前，对于设备材料的外观、型号、数量依照清单进行检查清点，贵重设备应填写相关协议，进行交接存档。设备材料应放置在固定场所，并做好防火检查。

（二）施工中

施工中的检查验收可采用随机方式由用户抽选，一般应为总量的20%左右，发现不合格应立即责令整改。

1. 信息点

检查信息插座的规格和型号是否正确、安装是否牢固、标记是否清楚齐全、模块端接是否符合标准等。若为屏蔽系统，检查是否可靠接地。

2. 管路

检查安装位置及路由是否符合要求、安装是否牢固及是否符合工程标准、防护措施及

设备是否安装正确等。

3. 线缆敷设

检查线缆的规格及在管路中的容量、布线是否符合敷设要求，弱电线缆是否与强电分离等。

4. 管理间和设备间

检查配线设备规格型号是否符合设计要求、安装位置是否正确、安装是否牢固、标识是否齐全等。另外需要注意设备是否符合楼层承重要求及照明、灰尘、消防等是否符合标准。

5. 跳线端接

检查跳线安装是否符合工艺标准、端接插座是否符合安装工艺、模块端接是否符合要求等。

6. 竖井

主要检查楼层竖井的封闭情况，避免火灾、烟熏并做好防水。

（三）施工后

（1）线缆电气性能测试。接线图、衰减、近端串扰及其他规定的测试项目，也可在施工中检查。

（2）光纤性能测试。长度、损耗、衰减等，也可在施工中检查。

（3）竣工文档。

（4）质量评价及试运行报告。

三、验收中注意的问题

（一）标识

综合布线的标识应细致清楚，必须与端口对照表等文档一一对应，这样才能有效地进行日常维护。

（二）信息点转换

在综合布线工程中，语音和数据线缆一般在同一路由，这样便于在以后的使用过程中，数据和语音可以相互转换。

（三）验收文档

验收文档应齐全，绘图标准清晰，表格中的表项不能缺失，应全面具体。

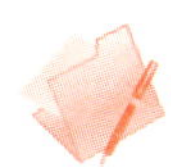

模块小结

本模块主要介绍了线缆的电气性能参数、含义，并介绍了永久链路和用户信道两种测试模型。在验收中，主要介绍了验收的三个阶段，以及在每一阶段中重点验收的对象和标准。

练习

1. 线缆电气性能有哪些参数？这些参数有什么含义？
2. 用户信道和永久链路模型的组成结构是什么？测试时应注意哪些问题？
3. 验收一般有哪三个阶段？每个验收阶段的检查验收内容是什么？
4. 验收时应注意哪些问题？

模块七

常用设备及相关技术

在综合布线工程中，需要用到大量的网络设备。这些设备的选择和配置主要依据用户的使用需求。选择合理的设备并进行相关的设置是一个合格的网络工作者应具备的基本技能。

案例一　交换机的选购及设置

案例描述

在综合布线工程中，需对网络接入层、汇聚层及核心层所需交换机进行选购，一般从端口数量、速率、带宽等方面进行考虑；另外，对于网络广播的隔离及不同部门的隔离互通也有相应的具体要求。

学习目标

1. 了解交换机的选购原则。
2. 掌握交换机的基本配置。

理论知识

一、交换机的选购原则

（一）端口数量

现在交换机端口数量主要有 24 口和 48 口两类，需要在用户信息点确定的情况下考虑

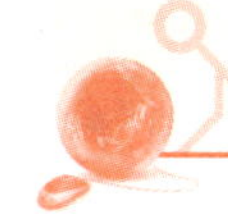

设备成本及机柜内设备安装的情况。

（二）端口扩展

主要考虑端口的速率及带宽。如光纤到桌面的应用必须建立在交换机端口带宽的基础上，那么在选购交换机时应考虑交换机是否具备光端口及支持千兆网络。

（三）网管功能

交换机对于一般用户是透明的，网络管理人员应随时掌握交换机的工作状态和性能参数，使整个网络维持在高效运行状态，所以要求交换机必须具有全面的网络管理功能。

二、著名交换机生产商介绍

交换机产品一般选用思科、锐捷、神州数码、华三等品牌。思科公司成立于 1984 年 12 月，是互联网解决方案的领先提供者；锐捷网络是中国网络解决方案领导品牌；神州数码控股有限公司是中国领先的整合 IT 服务提供商；华三通信技术有限公司（简称 H3C)，致力于 IP 技术与产品的研究、开发、生产、销售及服务。

对于交换机产品，各品牌都具有自身特点，并在核心层、汇聚层和接入层都有其对应的系列产品分别为其提供支持。

实训案例

一、实施 VLAN 划分以实现不同部门的隔离

办公大楼某层并存公司 A 的技术部和客户部两个部门，由于公司的领导出于安全考虑不希望两个部门之间进行通信，基于这种需求，需要在楼层交换机中配置 VLAN 进行隔离。

步骤 1：使用 Packet Tracer 软件，建立如图 7—1 所示的拓扑。交换机使用 2950—24，线缆全部用直通线。前两个主机连入交换机端口 1 和端口 2，最后一个主机连入端口 3。配置各个主机 IP 地址和子网掩码依次为 192.168.1.10/255.255.255.0，192.168.1.20/255.255.255.0 和 192.168.1.30/255.255.255.0，并使用 ping 验证各个主机之间是连通的。

步骤 2：在交换机上划分两个 vlan，分别为 vlan 10 和 vlan 20，见图 7—2。

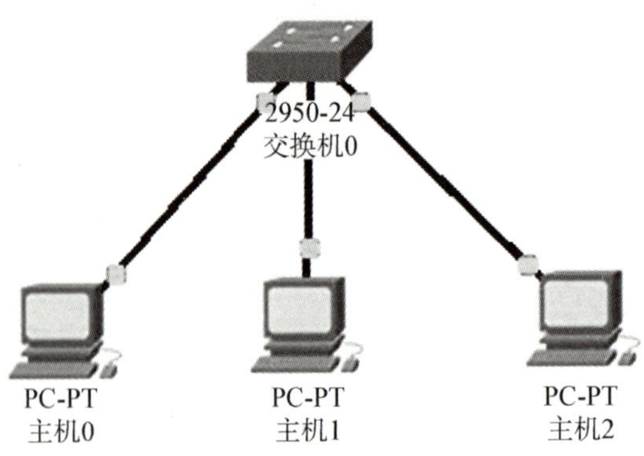

图 7—1　拓扑图

```
Switch>enable
Switch#config
Configuring from terminal, memory, or network [terminal]?
Enter configuration commands, one per line.  End with CNTL/Z.
Switch(config)#vlan 10
Switch(config-vlan)#exit
Switch(config)#vlan 20
Switch(config-vlan)#exit
Switch(config)#
```

图 7—2　划分 VLAN

步骤 3：添加端口 1、2 到 vlan 10 中，再添加端口 3 到 vlan 20 中。添加端口到 vlan 的过程实际就是进入某个端口，并设置该端口属于哪个 vlan，见图 7—3。

```
Switch(config)#interface fa0/1
Switch(config-if)#switchport access vlan 10
Switch(config-if)#exit
Switch(config)#interface fa0/2
Switch(config-if)#switchport access vlan 10
Switch(config-if)#exit
Switch(config)#interface fa0/3
Switch(config-if)#switchport access vlan 20
Switch(config-if)#exit
```

图 7—3　端口加入相应 VLAN

步骤 4：使用 ping 命令验证 PC 的连通性，如果主机 0 和主机 1 互通，但与主机 2 不通，则结果正确。

二、实现跨交换机 VLAN 连通

在一段时间后公司进行部门的扩展，由于同层的房间已经入驻完毕，则需要在另外楼层的房间中进行扩展，在实训案例一的需求基础上，要在跨交换机上实现 VLAN 的互通。

步骤 1：使用 Packet Tracer 软件，建立如图 7—4 所示的拓扑。

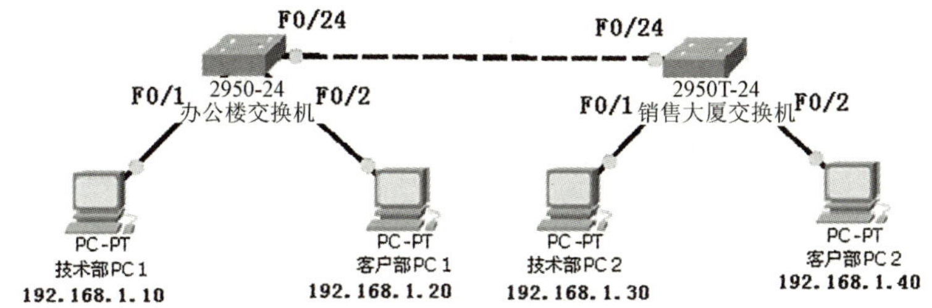

图 7—4　拓扑图

步骤 2：在办公楼交换机上创建 vlan 10 和 vlan 20 两个 vlan，并将其端口 1 加入到 vlan 10 中，端口 2 加入到 vlan 20 中，见图 7—5。

```
Switch>enable
Switch#config
Configuring from terminal, memory, or network [terminal]?
Enter configuration commands, one per line.  End with CNTL/
Switch(config)#vlan 10
Switch(config-vlan)#exit
Switch(config)#vlan 20
Switch(config-vlan)#exit
Switch(config)#interface fa0/1
Switch(config-if)#switchport access vlan 10
Switch(config-if)#exit
Switch(config)#interface fa0/2
Switch(config-if)#switchport access vlan 20
Switch(config-if)#exit
```

图 7—5　创建 VLAN 并加入端口

步骤 3：在销售大厦交换机上做同样的配置。

步骤 4：使交换机相连的 24 口变成内部端口，即配置端口 trunk 模式，分别配置两台交换机，见图 7—6。

```
Switch#config
Configuring from terminal, memory, or network [terminal]?
Enter configuration commands, one per line.  End with CNTL
Switch(config)#interface fa0/24
Switch(config-if)#switchport mode trunk
```

图 7—6　配置端口的 trunk 模式

步骤 5：验证 PC1 之间相互连通，PC2 之间相互连通，任意 PC1 和 PC2 之间不通，则结果正确。

案例二　路由器的选购及设置

案例描述

路由器（Router）是连接因特网中各局域网、广域网，并会根据信道的情况自动选择和设定路由，以最佳路径，按前后顺序发送信号的设备。目前路由器已经广泛应用于各行各业，各种不同档次的产品已成为实现各种骨干网内部连接、骨干网间互联和骨干网与互联网互联互通业务的主力军。在综合布线系统中，路由器一般作为网络中心设备与外部网络进行数据交换，或者连接不同的局域网（这种情况经常用三层交换机代替）。

学习目标

1. 了解路由器的选购原则。
2. 掌握路由器的基本配置。

理论知识

一、路由器的选购原则

（一）稳定可靠

针对不同用途，路由器需要在软件结构、电源、通风散热、结构坚固度等几个方面都进行专门设计，以保证路由器的稳定性和可靠性。

（二）高速高效

路由器是企业网通向 Internet 的唯一途径，如果性能不足，就会成为整个网络性能的数据传输瓶颈，造成网络的堵塞或者延迟。

（三）操作简便

路由器需要易安装、易配置、易管理、易使用，用户界面友好、易懂，特别是对于缺少专业网络技术人员的中小企业，网络设备的易用性更受关注。

（四）扩展性

着眼于网络未来发展，路由器须有良好的扩展功能，不至于在网络扩展过程中而浪费成本。

二、著名路由器生产商介绍

请参考交换机生产商介绍。

实训案例

一、使用静态路由使不同局域网互通

在实际的网络环境中，经常存在多个不同的局域网，连接这些局域网需要使用路由器。虽然路由器起到隔离广播的作用，但是有时这些局域网需要进行通信，那么就需要在路由器中进行相关配置，这个配置过程主要就是配置路由表。

步骤 1：使用 Packet Tracer 软件，建立如图 7—7 所示的拓扑。

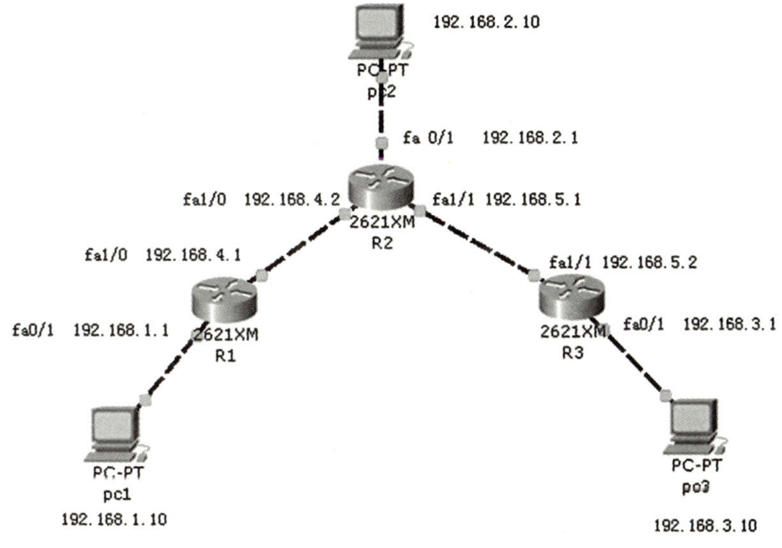

图 7—7　拓扑图

步骤 2：配置 R1 路由器的 Fa0/1 端口的 IP 地址（见图 7—8），并开启，然后配置另外一个端口 Fa1/0。

```
Router>enable
Router#config
Configuring from terminal, memory, or network [terminal]?
Enter configuration commands, one per line.  End with CNTL/Z.
Router(config)#interface fa0/1
Router(config-if)#no shutdown

%LINK-5-CHANGED: Interface FastEthernet0/1, changed state to up
Router(config-if)#ip address 192.168.1.1 255.255.255.0
Router(config-if)#exit
Router(config)#
```

图 7—8　端口配置

步骤 3：为 R1 配置通往 192.168.2.0 网段和 192.168.3.0 网段的静态路由，路由配置如图 7—9所示。注意：加入静态路由的格式中第一项为目的网段号，最后的参数是下一跳出口。

```
Router(config)#ip route 192.168.2.0 255.255.255.0 192.168.4.2
Router(config)#ip route 192.168.3.0 255.255.255.0 192.168.4.2
```

图 7—9　路由配置

步骤 4：重复上述步骤，配置 R2 和 R3 路由器，使用 ping 命令测通各个网段的 PC 连通性即可。

二、使用动态路由使不同局域网互通

在上述静态路由案例中，配置静态路由后如果出现网络结构发生变化后的路由调整问题，那么还需要重新进行路由的配置，尤其是在大型网络中配置多个路由器静态路由，这对管理员来说非常麻烦。如果配置动态路由，则可以在网络变化时自动形成路由表，从而把人为配置降到最低，这样可提高效率节约资源。

最基本的动态路由协议为 RIP 和 OSPF，下面以 OSPF 为例描述动态路由的配置方法。

步骤 1：使用 Packet Tracer 软件，建立如图 7—10 所示的拓扑。

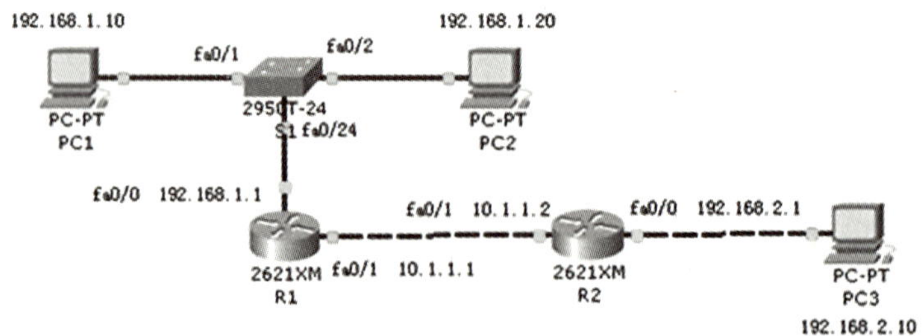

图 7—10　拓扑图

步骤 2：配置 R1 路由器的端口 Fa0/0，见图 7—11，并配置其他路由器各端口的 IP 信息。

```
Router>enable
Router#config
Configuring from terminal, memory, or network [terminal]?
Enter configuration commands, one per line.  End with CNTL/Z.
Router(config)#interface fa0/0
Router(config-if)#no shutdown

%LINK-5-CHANGED: Interface FastEthernet0/0, changed state to up
Router(config-if)#ip address 192.168.1.1 255.255.255.0
Router(config-if)#exit
Router(config)#
```

图 7—11　端口配置

步骤 3：配置 R1 路由器上的 OSPF 动态路由协议，见图 7—12。

```
Router(config)#router ospf 1
Router(config-router)#network 192.168.1.0 0.0.0.255 area 0
Router(config-router)#network 10.1.1.0 0.0.0.255 area 0
Router(config-router)#exit
```

图 7—12　端口配置

需要注意的是，启用 OSPF 动态路由协议时，应宣告进程号；宣告直连网段后的 0.0.0.255 为网络通配符（也就是常说的反掩码）；area 0 表示区域号。另外，多区域是指多台路由器被划分到不同的区域中，其中有一个区域为骨干区域，区域号为 0，其他区域都为常规区域，区域号为 1～42，常规区域必须与骨干区域相连接。

步骤 4：配置其他路由器上的 OSPF 动态路由协议，并使用 ping 命令测通。

案例三　无线设备的选购及设置

案例描述

在工作区子系统中，信息面板的跳线一般连接用户设备，但是在手机、iPad、笔记本盛行的今天，无线网络的需求大大增加。用户经常需要在办公区域中加入无线 WIFI 路由器，使得无线设备能够正常接入网络，那么就有必要选购安装无线路由设备并对其进行相关的配置。

学习目标

1. 了解无线路由的选购原则。
2. 掌握无线路由器的基本配置。

理论知识

无线路由的选购遵循以下原则：

（1）协议。无线路由器应支持常用的 802.11b/g/n 标准。现在的无线设备一般也支持这样的无线标准。但需要注意的是，有些老设备不支持 802.11n。

（2）传输速率。一般选择 300Mbps。

（3）接口。在无线 WIFI 路由器上，常见的是 1 个 WAN 端口和 4 个 LAN 端口。WAN 端口连接在网络出口上，LAN 端口连接用户的有线设备。

（4）无线路由器应具有内置防火墙功能，否则很容易被攻击和破解，给用户造成损失。

（5）天线数量。家用选择 1 根天线即可，多根是为了增大网络覆盖面积，但是价格上相对昂贵。另外，天线也可以内置，这样天线的物理损坏几率大大降低。

当然还有其他的一些选购参数，如频率、有效范围、是否具有网管功能等。用户可以根据自己的需求进行具体选购。

实训案例

在工作场所中经常需要使用手机或笔记本电脑进行网络接入，现有一台 FW150R 无线路由需要正确的连接和配置。注意不同品牌设备的配置界面稍有不同。

步骤 1：正确连接无线路由，WAN 端口连接外网接口，LAN 端口连接一台 PC 设备；按路由器上的 RESET 键，恢复出厂设置；将连接的 PC 设备网卡的 IP 地址及 PNS 设置成自动获取。

步骤 2：在浏览器 URL 中输入 http：//192.168.1.1，在登录界面输入初始用户名和密码，进入配置界面，如图 7—13 所示。

输入的地址是默认的管理 IP 地址，一般在设备的铭牌上标识，不同的厂商设备有可能不一样。如果确实无法找到，只需要查看 PC 获取的网关地址即可。默认的初始用户名和密码也可以在铭牌上找到。

步骤 3：打开“网络参数/WAN 口设置”，如果需要设置拨号连接，则在 WAN 口连接类型中选择 PPPoE，并输入上网账号和上网口令，并选择自动连接的连接方式，如图 7—14 所示。如果是网络服务器下发的 IP 地址，则使用静态 IP。

需要注意的是，如果使用动态 IP 下发方式，则有可能出现某些问题。如存在多个无线路由获取同一网段地址，则无线路由在下发多个用户设备 IP 过程中可能出现令地址冲

突的情况。

在配置完毕后，需要点击“保存”按钮进行保存，后面操作不再重复。

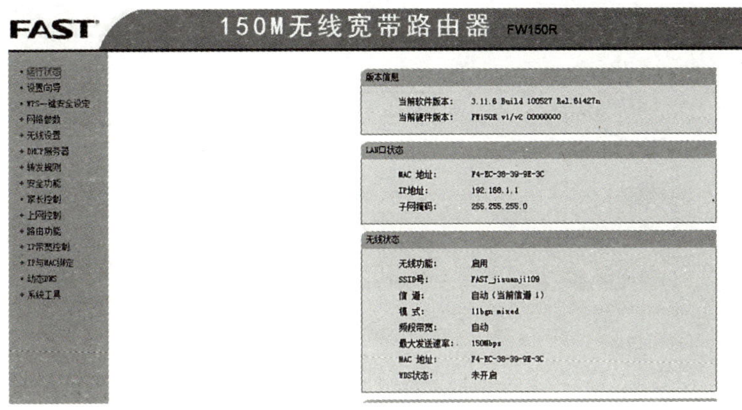

图 7—13　配置界面

WAN口设置

WAN口连接类型：　PPPoE　自动检测

PPPoE连接：

上网账号：　jsj04

上网口令：　●●●●●

特殊拨号：　无

第二连接：　◉禁用　○动态 IP　○静态 IP

根据您的需要，请选择对应的连接模式：

○ 按需连接，在有访问时自动连接

自动断线等待时间：15 分（0 表示不自动断线）

◉ 自动连接，在开机和断线后自动连接

○ 定时连接，在指定的时间段自动连接

注意：只有当您到“系统工具”菜单的“时间设置”项设置了当前时间后，“定时连接”功能才能生效。

连接时段：从 0 时 0 分到 23 时 59 分

○ 手动连接，由用户手动连接

自动断线等待时间：15 分（0 表示不自动断线）

连 接　断 线　已连接

高级设置

保 存　帮 助

图 7—14　WAN 口配置

步骤 4：打开“无线设置/无线网络基本设置”，设置 SSID 号并开启无线和 SSID 广播功能，其他默认即可，如图 7—15 所示。SSID 号就是使用设备在搜索无线设备时显示的设备名称。

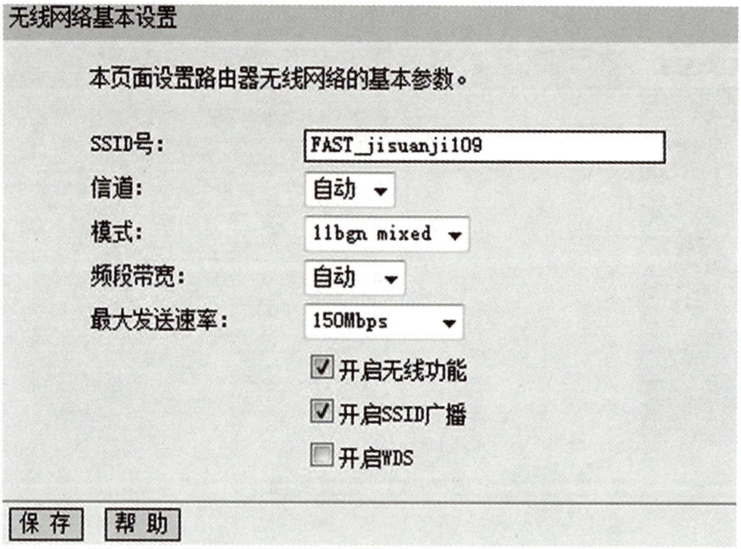

无线网络基本设置

本页面设置路由器无线网络的基本参数。

SSID号: FAST_jisuanji109
信道: 自动
模式: 11bgn mixed
频段带宽: 自动
最大发送速率: 150Mbps
☑开启无线功能
☑开启SSID广播
☐开启WDS

保 存　帮 助

图 7—15　无线配置

WDS 是无线信号需使用多台路由而进行中继时启用的功能，具体中继方法请读者参考相关资料学习。

步骤 5：打开“无线设置/无线网络安全设置”，启用加密算法并输入密码，如图 7—16所示。这样无线设备在添加到无线网络中时，必须输入密码才可使用网络。密码在设置时尽量包含多种不同字符以确保密码的安全性。

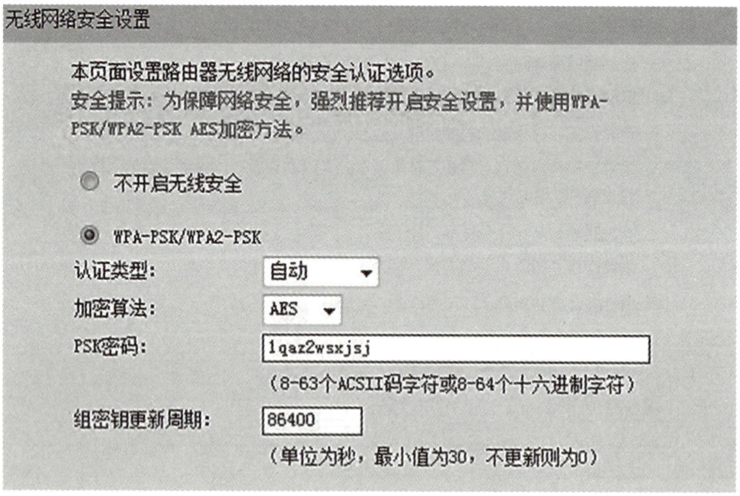

无线网络安全设置

本页面设置路由器无线网络的安全认证选项。
安全提示：为保障网络安全，强烈推荐开启安全设置，并使用WPA-PSK/WPA2-PSK AES加密方法。

○ 不开启无线安全

◉ WPA-PSK/WPA2-PSK
认证类型: 自动
加密算法: AES
PSK密码: 1qaz2wsxjsj
（8-63个ACSII码字符或8-64个十六进制字符）
组密钥更新周期: 86400
（单位为秒，最小值为30，不更新则为0）

图 7—16　登录密码安全配置

步骤 6：打开“系统工具/修改登录口令”，对用户名和密码进行修改，如图 7—17 所示。再次登录路由器进行配置时，应输入修改后的用户名和密码。

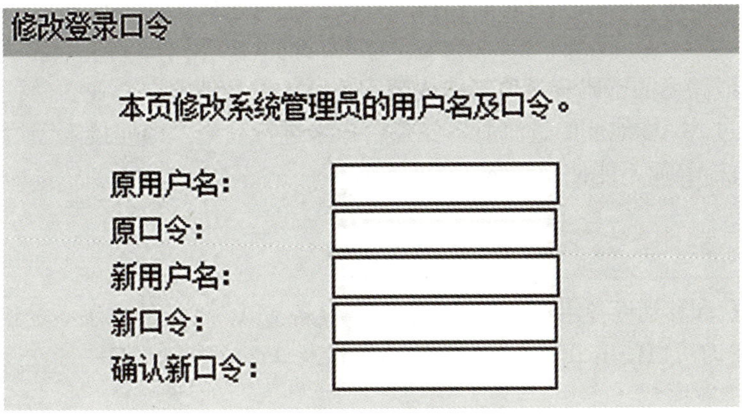

修改登录口令

本页修改系统管理员的用户名及口令。

原用户名：

原口令：

新用户名：

新口令：

确认新口令：

图 7—17　登录口令修改

案例四　无线高级设置

案例描述

在无线设备通过配置加入到网络后，经常出现蹭网及大量迅雷下载情况，这占用了大量的带宽，为了避免此种现象的发生，需对无线路由器进行更高级的配置。

学习目标

1. 了解无线路由的 MAC 绑定适用情况。
2. 掌握无线路由器策略配置。

理论知识

一、MAC 地址过滤绑定

（一）为什么要过滤绑定 MAC 地址

在平时的网络使用过程中，由于用户较多，可能会产生病毒侵害网络，管理员通过 ARP 只能查找到散布病毒的 MAC 地址而不知道具体主机的位置，这样查找起来比较困难，而通过 MAC 地址的绑定则能够轻易地查找到主机端口。此种情况一般在交换机上比较常见。

另外，无线路由的密码容易泄露造成蹭网现象，这种情况在企业、学校、家庭中非常常见，所以通过 MAC 地址的过滤后，如果用户未进行登记，即使接入无线网络，也会因为无法获取合法 IP 而不能使用网络。

（二）MAC 地址查找方法

对于计算机和移动设备用户来说，获取自身设备 MAC 地址的方法不尽相同。计算机在获取 MAC 地址时可以使用 IPCONFIG 命令；手机及 iPad 等移动设备一般在设置项中查找。

二、策略

在这里“策略”是指网络设备的安全策略，是网络管理员对用户使用网络的限制和对网络的性能优化。在交换路由设备中常见的有 ACL 和 QoS 等，防火墙可以通过页面方式进行相关配置。

实训案例

一、MAC 地址过滤

步骤 1：进入无线路由的配置界面，打开“无线设置/无线网络 MAC 地址过滤设置”，如图 7—18 所示。

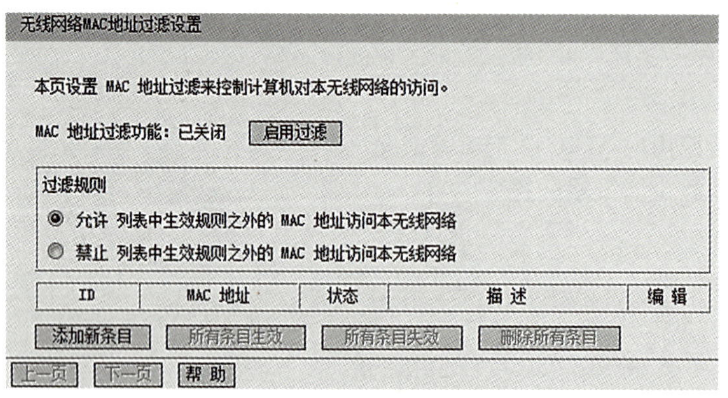

图 7—18　地址过滤

步骤 2：添加新条目，输入用户移动设备的 MAC 地址，添加描述并使之生效，如图 7—19所示。可以将允许访问网络的所有设备的 MAC 地址添加到条目中。

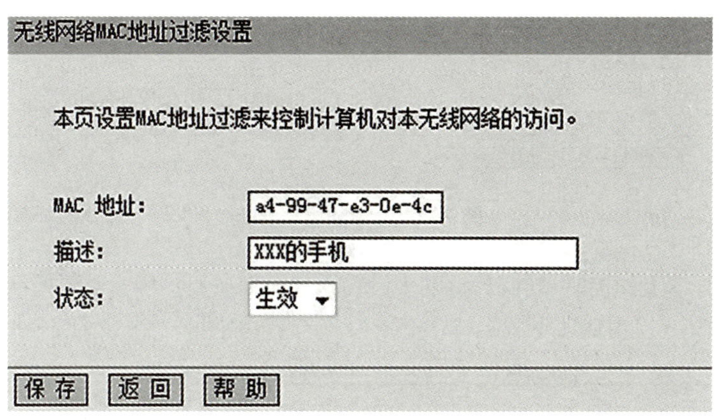

图 7—19　添加条目

步骤 3：过滤规则选择“允许”，并启用过滤功能，如图 7—20 所示，则在条目中的设备就可以使用网络了。条目中未列出的设备即使可以加入到网络中，但由于无法获取 IP 地址将不能使用网络。

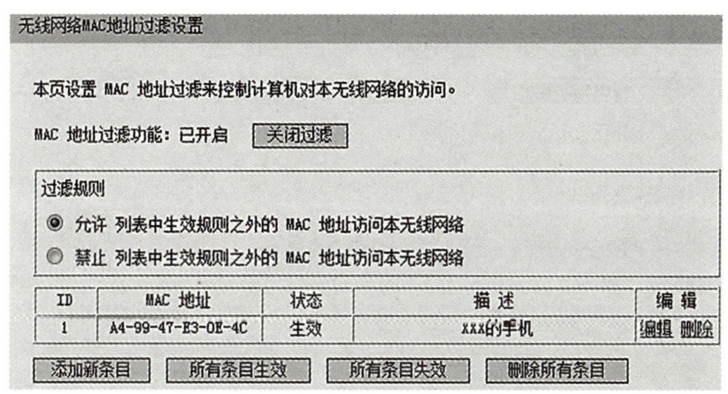

图 7—20　启用过滤

二、下载控制

步骤 1：进入无线路由的配置界面，打开“上网控制/主机列表设置”，如图 7—21 所示。

图 7—21　主机列表设置

步骤 2：添加条目，并添加 IP 地址范围及主机名，如图 7—22 所示。

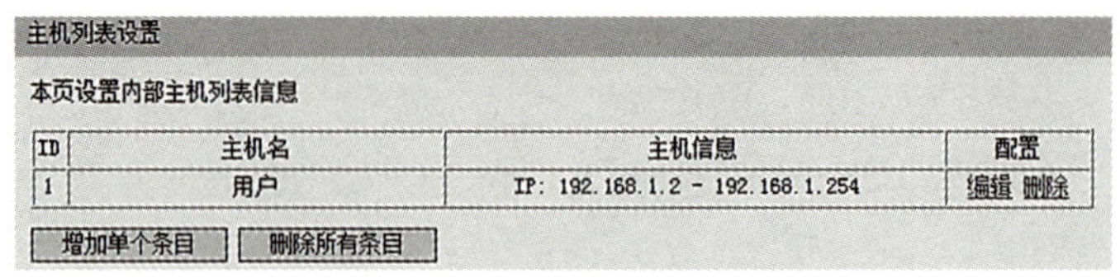
主机列表设置

本页设置内部主机列表信息

ID	主机名	主机信息	配置
1	用户	IP: 192.168.1.2 - 192.168.1.254	编辑 删除

增加单个条目　删除所有条目

图 7—22　添加主机结果

步骤 3：打开“上网控制/访问目标列表设置”并添加条目。因为需要控制迅雷下载，所以将端口处填入 3076（迅雷默认下载端口，上传为 3077），如图 7—23 及图 7—24 所示。

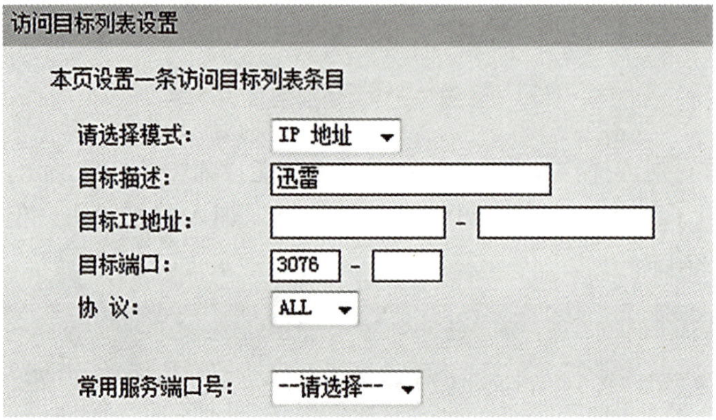

访问目标列表设置

本页设置一条访问目标列表条目

请选择模式：IP 地址

目标描述：迅雷

目标IP地址： -

目标端口：3076 -

协 议：ALL

常用服务端口号：--请选择--

图 7—23　添加端口

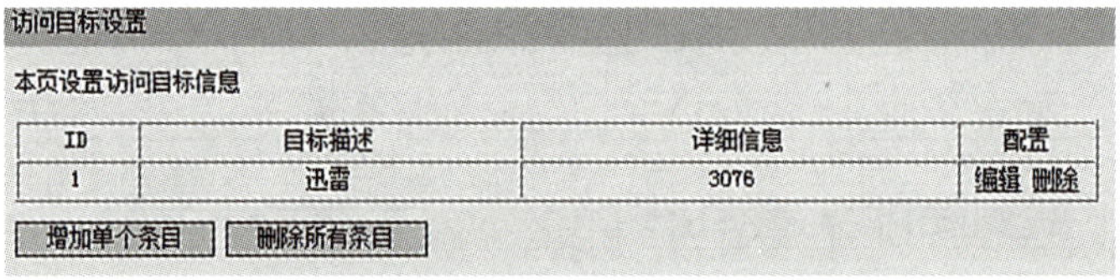

访问目标设置

本页设置访问目标信息

ID	目标描述	详细信息	配置
1	迅雷	3076	编辑 删除

增加单个条目　删除所有条目

图 7—24　添加端口结果

步骤 4：打开“上网控制/日程计划设置”并添加条目，添加每周的上班时间，如图 7—25及图 7—26 所示。

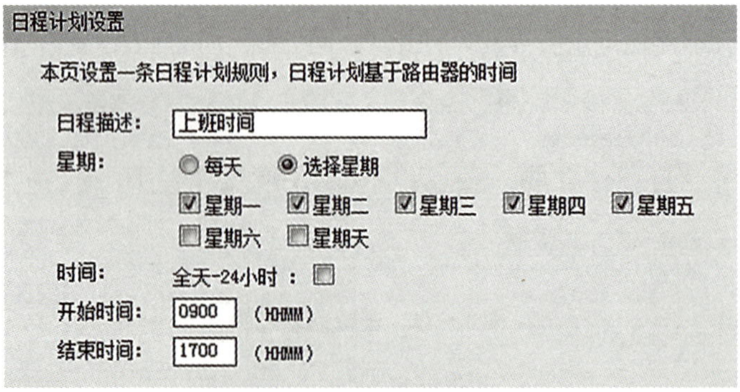

日程计划设置

本页设置一条日程计划规则，日程计划基于路由器的时间

日程描述：上班时间

星期：○每天 ◉选择星期

☑星期一 ☑星期二 ☑星期三 ☑星期四 ☑星期五

☐星期六 ☐星期天

时间：全天-24小时：☐

开始时间：0900 （HHMM）

结束时间：1700 （HHMM）

图 7—25　日程设置

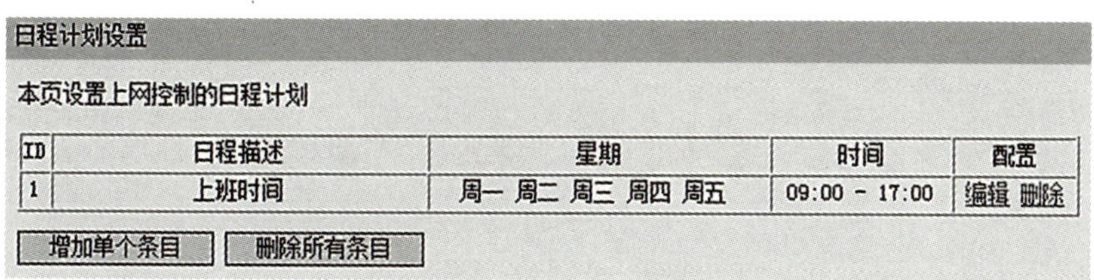

图 7—26　添加日程结果

步骤 5：打开“上网控制/上网控制规则设置”并添加条目，选择相应条目名称进行规则设置，如图 7—27 所示。

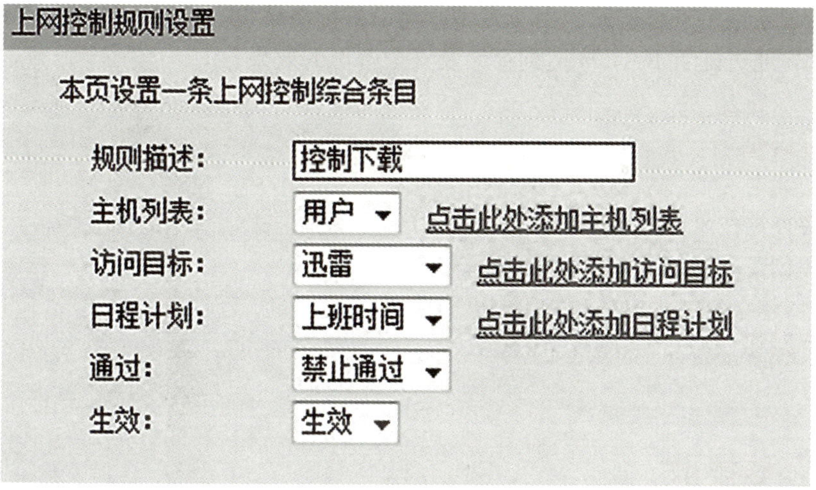

上网控制规则设置

本页设置一条上网控制综合条目

规则描述：控制下载

主机列表：用户　点击此处添加主机列表

访问目标：迅雷　点击此处添加访问目标

日程计划：上班时间　点击此处添加日程计划

通过：禁止通过

生效：生效

图 7—27　规则设置

步骤 6：开启上网控制，完成设置，如图 7—28 所示。

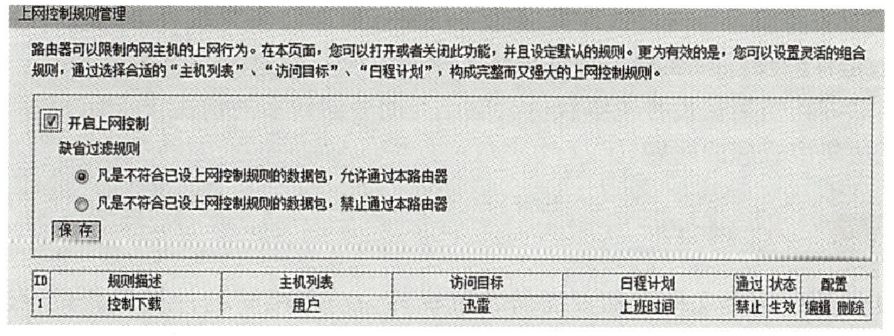

图 7—28　开启规则

案例五　存　储

案例描述

大数据时代的来临使得人们对数据的存储和安全越发重视，在大型网络服务器中挂接存储设备的现象也越来越普遍。由于专用存储设备价格昂贵，所以一些单位在服务器上安装多块磁盘，通过配置 RAID5 达到存储及安全备份的效果。

学习目标

1. 了解存储技术的概念及特点。
2. 掌握创建并修复 RAID5 配置过程。

理论知识

一、存储技术

（一）直接连接存储 DAS

DAS 是指将存储设备通过线缆直接连接在服务器上，作为服务器的硬件驱动器使用。DAS 实际上是存储硬件的堆叠，其自身并无操作系统，完全依赖服务器。

这种存储方式初期安装时成本较低，但是在服务器较多的情况下会出现容量无法实时再分配及无法集中管理的问题。

（二）网络附加存储 NAS

NAS 主要用于网络文件存储及备份，可视其为功能精简的计算机，只通过一根网线即可以与网络节点连接。

NAS 只提供文件系统功能，在 LAN 环境下可以实现跨平台数据共享，响应速度快，数据传输率高。

（三）存储区网络 SAN

SAN 是一种基于光纤的存储网络系统，一般与一台服务器或服务器集群连接，提供

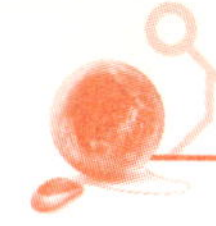

存储设备共享。

SAN 的传输速率高，配置灵活，兼容早期的存储设备并提供数据快速备份。在存储设备和计算机之间提供多条通道，提供容错机制，提高了数据的可靠性和安全性。

二、RAID

RAID 是独立磁盘冗余阵列，使用数组方式将多个磁盘作为一个磁盘组，提升存储容量。数据在磁盘组中的存储是交叠的，提高读写性能。

RAID5 是带奇偶校验的 RAID，需要至少三块磁盘才能实现。它将数据及对应的奇偶校验信息均匀分布在不同的磁盘上，当一个磁盘数据损坏后，利用剩下的数据和相应的奇偶校验信息去恢复被损坏的数据。

一、RAID5 的创建

步骤 1：在 Windows 2003 Server 系统的服务器上安装三块硬盘，并在“磁盘管理”中对三块硬盘进行初始化。

步骤 2：在磁盘管理窗口中新建磁盘卷，如图 7—29 所示。

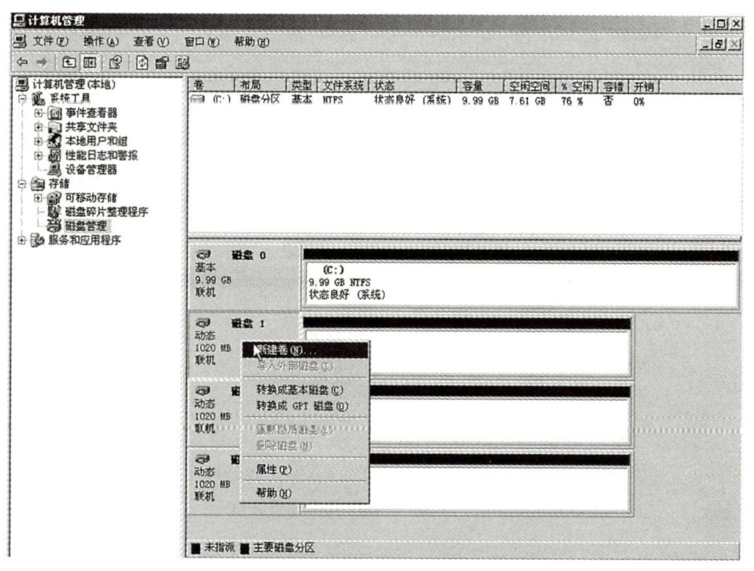

图 7—29　新建卷

步骤 3：在卷类型中，选择 RAID－5，单击“下一步”。将三块磁盘添加到新组的卷中，定义每块磁盘所使用的容量，如图 7—30 所示。注意：由于需要一块磁盘的容量存储校验信息，所以新组卷的总容量并不是三块磁盘的容量和。

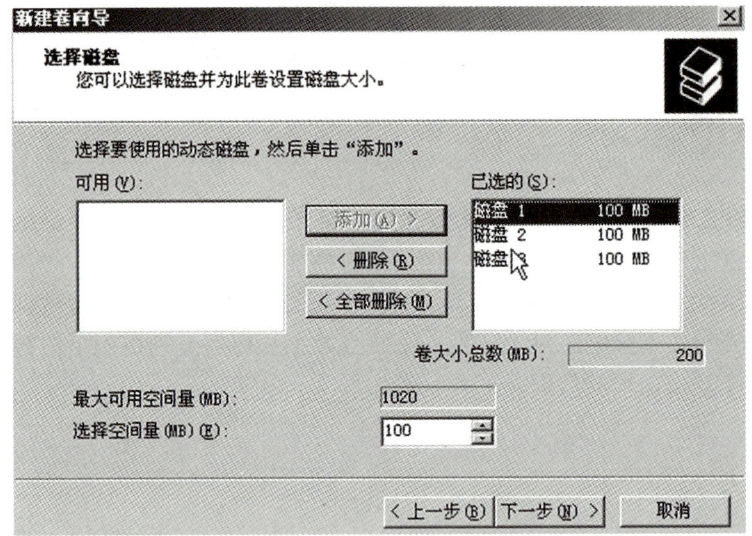

图 7—30　定义新建卷容量

步骤 4：指定驱动器号及文件系统类型，完成新卷的创建，如图 7—31 所示。

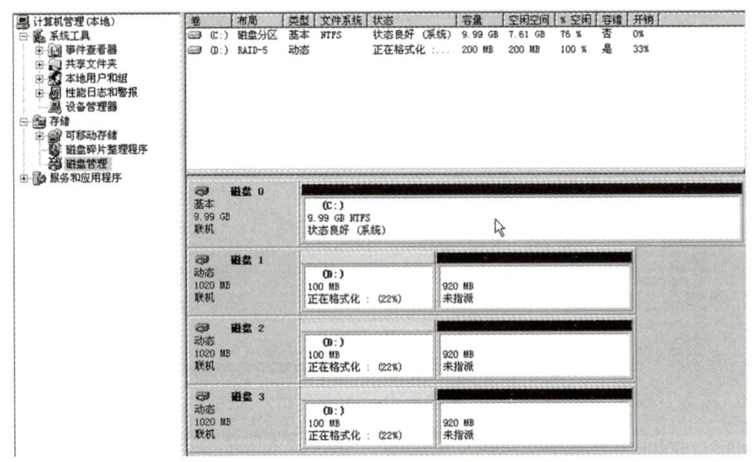

图 7—31　新建卷结果

二、修复

步骤 1：在新建的 RAID5 卷中存储文件，并将其中的一块磁盘卸载，则出现异常情况，如图 7—32 所示。

步骤 2：在服务器上重新挂接一块磁盘，并对新磁盘进行初始化，如图 7—33 所示。

步骤 3：重新激活卷并修复卷，如图 7—34 所示。

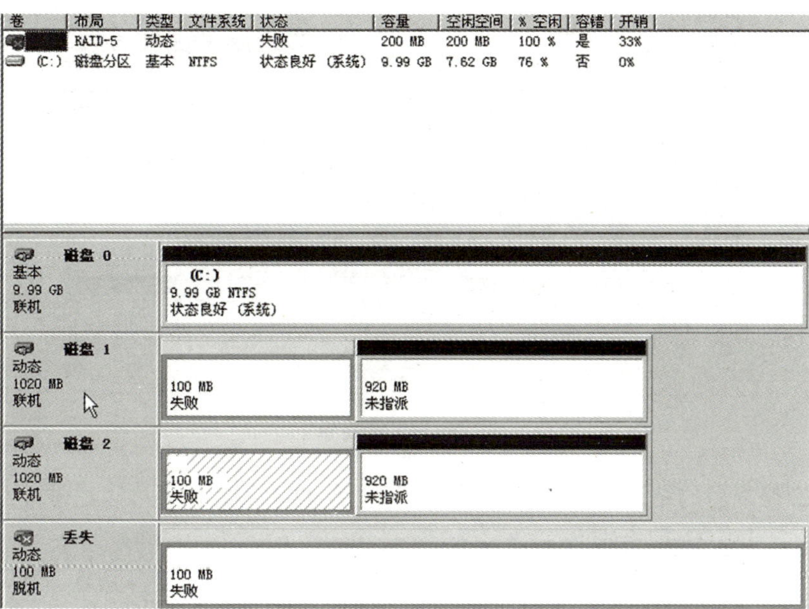

图 7—32　磁盘损坏

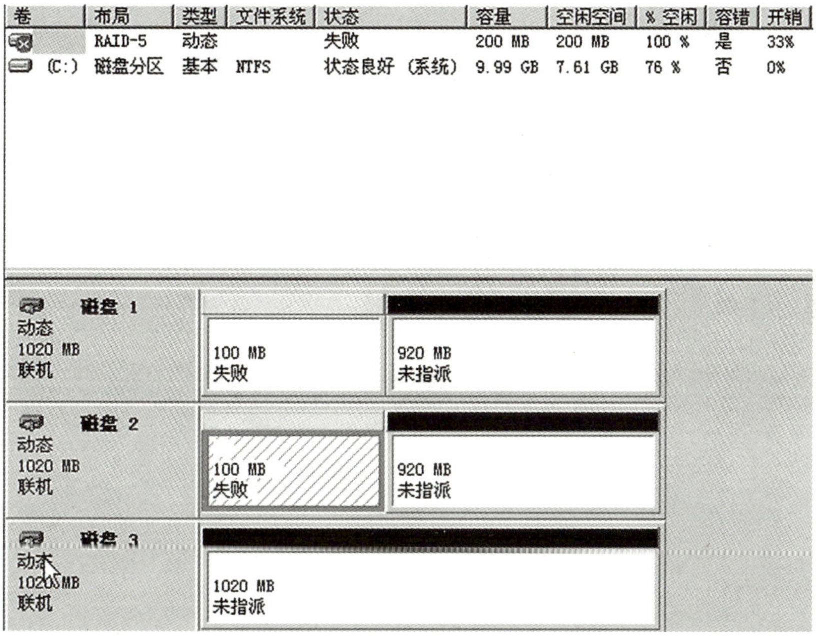

卷	布局	类型	文件系统	状态	容量	空闲空间	% 空闲	容错	开销
	RAID-5	动态		失败	200 MB	200 MB	100 %	是	33%
(C:)	磁盘分区	基本	NTFS	状态良好（系统）	9.99 GB	7.61 GB	76 %	否	0%

磁盘 1
动态
1020 MB
联机
100 MB
失败
920 MB
未指派

磁盘 2
动态
1020 MB
联机
100 MB
失败
920 MB
未指派

磁盘 3
动态
1020 MB
联机
1020 MB
未指派

图 7—33　新磁盘初始化

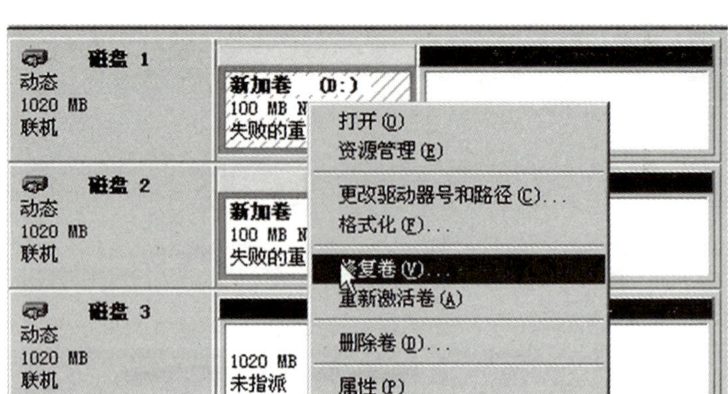

图 7—34　修复卷

步骤 4：修复后的结果如图 7—35 所示。原磁盘 D 中的数据还可以正常使用。

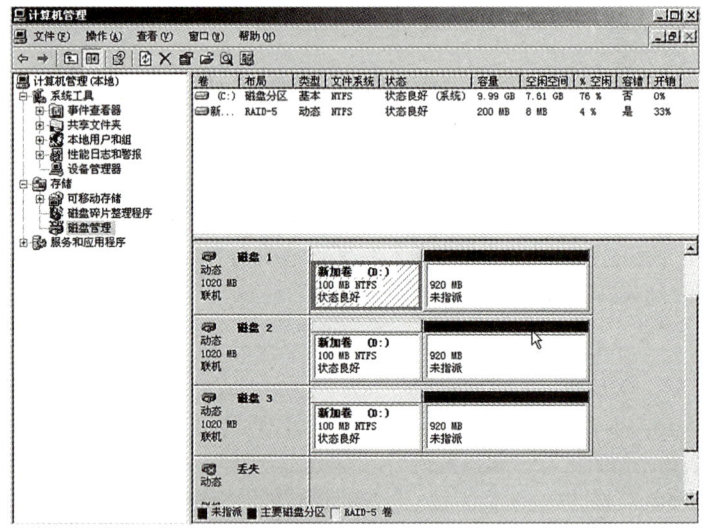

图 7—35　修复效果

案例六　子网划分

案例描述

子网划分是网络规划设计的重要组成部分。通过划分子网可以有效地隔离广播，提供

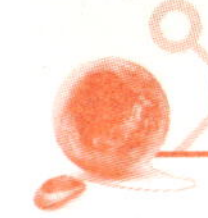

安全可靠的网络环境，并且可以有效地节省 IPv4 地址空间。

学习目标

1. 理解和掌握 IP 地址的概念。
2. 掌握子网划分的方法。

理论知识

一、IP 地址

（一）IPv4

IPv4 地址由 32 位二进制组成，每 8 位一组，共 4 组。为了方便记忆，使用小数点分开的十进制表示，如 136.20.27.5。由于每组 8 位二进制，所以每组的最大取值为 $2^8-1=255$，取值范围为 0～255。

IPv4 地址分为 A、B、C、D、E 五类，只有 A、B、C 三类可以分配给用户使用。另外，IPv4 地址又可分为私有地址和公有地址。

（二）IPv6

在现实使用中，IPv4 地址越来越不能满足需要，IPv6 就是在这种环境下被提出的。IPv6 地址由 128 位二进制组成，如 EA70：0000：0000：0000：A274：0000：00D2：0006，也可以使用零压缩法表示为 EA70：：A274：0000：00D2：0006。需要注意的是，只能压缩一个零段位，而且零压缩只能在地址中使用一次。

现在操作系统如 Windows 7 及网络设备（如路由器）中都开始支持 IPv6。

二、子网划分

子网划分其实是对原有默认 IPv4 地址中的网络位进行扩展，扩展的网络位作为子网的网络号使用。需要注意的是，子网划分是扩展网络位，而不是扩展主机位。

实训案例

某公司有 4 个部门，每部门 20 台 PC，使用交换机将所有 PC 连接组网，统一使用 197.23.35.0/24 网段地址。考虑到部门之间的网络安全性，需要通过网络规划使同一部门在局域网互通，不同部门在局域网内不通，在不配置交换机的情况下请提供解决方案。

步骤 1：由于每部门 20 台 PC，所以 $2^N-2\geqslant20$。N 取最小值为 5，其中每个网段的网

络号和广播地址应减去。

步骤 2：197.23.35.0/24 属于默认的 C 类地址，主机位为 8 位。由于只需要使用 5 位做主机位，所以可以扩展 3 位做网络位，划分 8 个子网（$2^3=8$），这样即可通过子网划分解决问题。

步骤 3：确定 IP 地址的子网掩码，由于默认 C 类掩码为 255.255.255.0，所以扩展 3 位做网络位，掩码变成了 11111111.11111111.11111111.11100000，即 255.255.255.224。

步骤 4：在子网划分中，主机位全 0 表示网段号，主机位全 1 表示广播地址。

子网 1 选取 197.23.35.01000000 网段，则网络号为 197.23.35.64，广播地址为 197.23.35.01011111，即 197.23.35.95，有效地址范围为 197.23.35.65～197.23.35.94。

子网 2 选取 197.23.35.01100000 网段，则网络号为 197.23.35.96，广播地址为 197.23.35.01111111，即 197.23.35.127，有效地址范围为 197.23.35.97～197.23.35.126。

子网 3 选取 197.23.35.10000000 网段，则网络号为 197.23.35.128，广播地址为 197.23.35.10011111，即 197.23.35.159，有效地址范围为 197.23.35.129～197.23.35.158。

子网 4 选取 197.23.35.10100000 网段，则网络号为 197.23.35.160，广播地址为 197.23.35.10111111，即 197.23.35.191，有效地址范围为 197.23.35.161～197.23.35.190。

步骤 5：将 4 个部门按照 4 个子网进行划分规划 IP 地址，子网掩码为 255.255.255.224，这样就完成了整个网络规划。

具体计算过程请参考进制转换内容。

模块小结

本模块主要介绍交换机、路由器的选购方法及常用配置；无线路由常用设置及安全配置；存储设备的特点及 RAID5 的创建和修复方法；子网划分案例。

练习

1. 列举教材中交换机品牌在核心层、汇聚层和接入层的代表产品。
2. 配置无线路由，使得用户在法定工作日的上班时间无法使用 QQ 聊天软件。
3. 不同存储设备的特点是什么？
4. 在虚拟机上完成 RAID5 的创建和修复配置过程。
5. 在案例六的基础上计算出剩余子网的网络号、广播地址及有效 IP 地址范围。
6. 案例六中如果不进行子网划分，并需要 4 个部门通过交换机的 24 端口连接到其他网络，则需要如何配置交换机来规划网络？

模块八

综合布线工程图表及文档

在综合布线工程中，前期的设计过程将生成大量的图表及文档，这些内容将形成项目规划书。这既是设计者实现用户需求的具体体现，又是施工方施工的参考标准，也是后期管理工作者对布线项目进行管理维护的重要依据。

案例一　布线项目图表及文档组成

案例描述

××市××学校第一教学楼需实施网络布线升级改造工程，设计院对此项目进行工程设计，最终向学校递交项目规划书。

学习目标

1. 了解布线项目的图表和文档组成。
2. 了解并掌握布线项目图表和文档的作用。

理论知识

一、项目规划书

项目规划书中一般包括系统图、拓扑图、施工平面图、信息点点数统计表、材料预算

表、端口对照表、机柜安装图和工程进度表等。

另外，项目规划书还应包括项目建设说明，并将各个图表及文档生成目录以便查找和参考。

二、组成图表和文档的作用

（一）系统图

系统图采取施工要求的方式把综合布线系统中要连接的各个主要元素连接起来。其中需要明确综合布线各个子系统，还要标注线缆线路使用的类型。

（二）拓扑图

拓扑图中只包含点和线。其中点的信息点数量表示网络节点，可能是服务器、交换机或路由器等网络节点设备；线表示网络节点的连通情况和连接类型。

（三）施工平面图

施工平面图表示项目的总体布局，包括建筑外部形状、内部布局构造、材料及设备施工要求。施工平面图的图纸要求表达准确、具体，是组织施工的重要依据。

（四）信息点点数统计表

信息点点数统计表不仅直观表示和统计信息点的类型和数量，还是编制预算的重要依据。

（五）材料预算表

对整个项目工程所需的材料类型和数量做出预算，以便衡量和评定工程资金预算是否符合用户的实际需求。

（六）端口对照表

记录实际端口所在位置及与其编号的对应关系，是网络管理员在维护检查时的重要依据。通过端口对照表，管理员可以快速查找定位端口，提高工作效率。

（七）机柜安装图

在设计阶段反映设备在机柜中的安装表现形式，施工人员可按照机柜安装图对机柜及其内部所需设备进行安装。

（八）工程进度表

工程进度表反映工作内容的前后顺序，以保证按时保质地完成项目施工。

案例二　项目规划书

案例描述

××设计院承接××市××学校第一教学楼网络布线升级改造项目，在设计过程中对项目进行规划设计，形成规划书。规划书中应包含必要的组成文档及图表，并且应生成反映章节名称及其页码关系的目录。

学习目标

1. 了解项目规划书的组成。
2. 掌握项目规划书封面设计。
3. 掌握项目规划书中的页码确定及目录生成。

理论知识

一、封面设计

（一）内容完整

封面应包括工程项目名称、制作单位及制作时间。

（二）内容准确

封面内容应准确，尤其是制作时间和制作单位。因为涉及版本的问题，如果制作时间和单位不准确可能会产生不同的结果，对工程造成巨大的损失。

二、目录

（一）排列次序

对于规划书中的文档排放也是有要求的，因为不同的文档和图表可能存在前后逻辑关系，如端口表应放在信息点点数统计表之后。

（二）页码和目录对应

页码应和目录对应，以便于查找和阅读。由于在设计过程中页码有可能会发生变化，建议目录最后生成。

实训案例

一、封面制作

步骤 1：在 Word 中输入工程名称，对文字进行字体、字号设置，文字采用横排方式并居中对齐。

步骤 2：在 Word 中插入竖排文本框，输入“项目规划书”并设置字体、字号。将文本框的边框及填充设置为“无线条颜色”和“无填充颜色”。

步骤 3：在 Word 中输入制作单位和制作时间，并设置字体、字号，居中对齐，如图 8—1所示。

XX 市 XX 学校第一教学楼
综合布线系统改扩建工程

项
目
规
划
书

制作单位：XX 设计院

制作时间：XXXX 年 XX 月 XX 日

图 8—1　规划书封面

二、页码及目录制作

步骤 1：将规划书中的组成内容按照顺序排列在 Word 文档中，添加页码。页码起始页设置为 0，并在页面设置中设置“首页不同”，使得目录无页码，文档内容页码从 1 开始。

步骤 2：将各个图表文档的标题选中，设置为样式列表中的“标题 1”，如有子标题则设置为“标题 2”，以此类推。

步骤 3：在图表内容前插入一页空白页作为目录页，将光标定位在目录页的左上角，选择命令“插入/引用/索引和目录”，打开“索引的目录”对话框；在对话框中单击“目录”选项卡，然后再单击“确定”按钮自动生成目录，如图 8—2 所示。

目录

工程项目说明……2
系统图……3
拓扑图……4
施工平面图……5
信息点数统计表……6
材料预算表……7
端口对照表……8
机柜安装图……9
工程进度表……10

图 8—2　目录

案例三　系统图

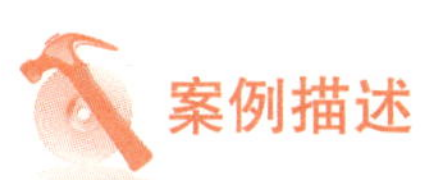

案例描述

第一教学楼综合布线系统图明确子系统的组成及子系统之间的线缆线路使用类型。第一教学楼共 4 层，采用第一层和第三层作为 FD，并且第一层的 FD 又作为 BD 使用。

学习目标

1. 了解系统图的作用。
2. 掌握在 Visio 中设计系统图的过程。
3. 了解图例和说明的作用并掌握绘制方法。

理论知识

一、系统图的作用

系统图应反映楼层信息及子系统之间的关系结构。另外，系统图中应标注必要的网络节点及节点之间的连接关系与连接线缆类型。系统图中还应包含信息点的类型和数量。

二、图例和说明

（一）图例

图例是系统图内所用符号和表示方法的释义和说明，或者是系统图中所用符号和色彩所表示特征的释义和说明。

（二）说明

说明是对系统图内的图例进行文字描述。

实训案例

步骤 1：打开 Visio 2007 软件，按“Ctrl＋N”组合键新建绘图。

步骤 2：选择文本工具，输入“第一教学楼综合布线系统图”，更改合适的字体和字号。选择线条工具，并在图纸标注楼层，如图 8—3 所示。

步骤 3：选择矩形工具，绘制两个矩形，并将两个矩形用直线连接生成 FD 和 BD。

步骤 4：使用直线工具连接 BD 和 FD，并调整线型表示不同的线缆。

步骤 5：使用矩形和圆工具绘制数据和语音信息点，如图 8—4 所示。

步骤 6：添加绘制图例和说明，并按 F5 预览，如图 8—5 所示。

步骤 7：在图的右下角添加绘图信息，如图 8—6 所示。

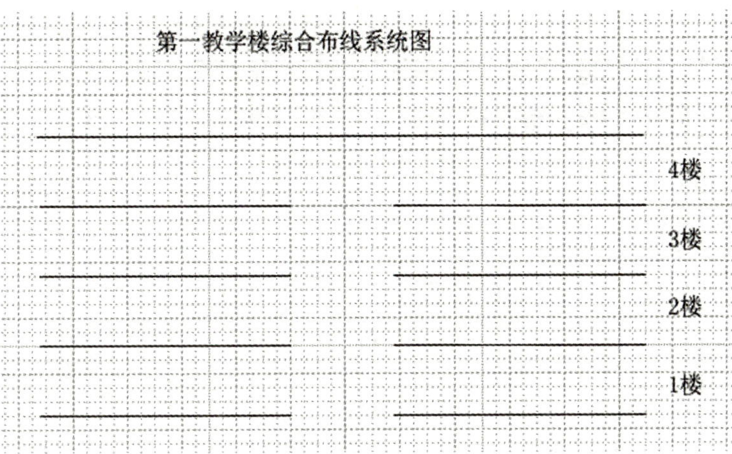

图 8—3　系统楼层

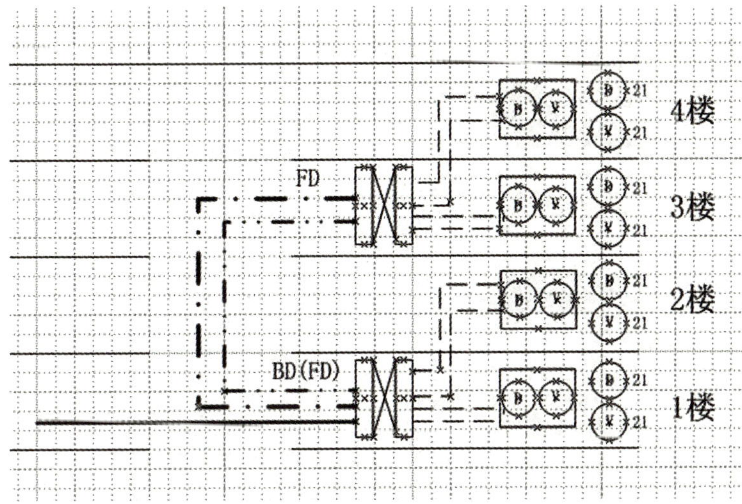

图 8—4　系统图

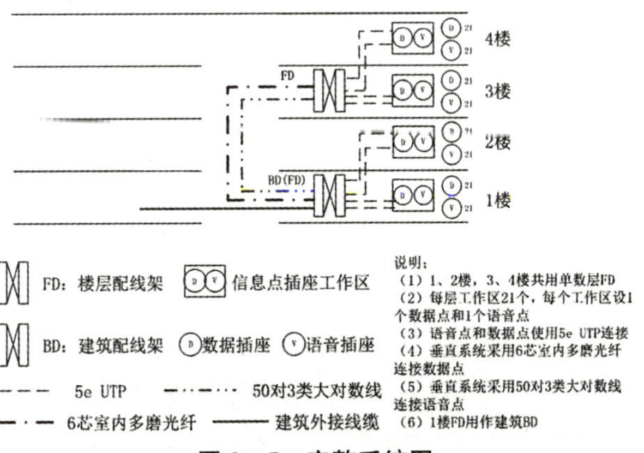

图 8—5　完整系统图

<table>
<tr><td>项目名称</td><td>绘图人</td><td>刘云举</td></tr>
<tr><td rowspan="2">××市××学校第一教学楼
网络布线改造升级工程</td><td>制表时间</td><td>××年××月××日</td></tr>
<tr><td>版本号</td><td>1.1</td></tr>
</table>

图 8—6　绘图信息

案例四　拓扑图

案例描述

第一教学楼综合布线工程改建后，将加入到学校的整个校园网中。现对整个校园网的结构进行规划并绘制校园网拓扑图。

学习目标

1. 了解拓扑的概念。
2. 掌握在 Visio 中绘制拓扑图。

理论知识

一、拓扑的概念

拓扑学（Topology）是一种研究与大小、距离无关的几何图形特性的方法。网络拓扑是由网络节点设备和通信介质构成的网络结构图。在选择拓扑结构时，主要考虑的因素有：安装的相对难易程度、重新配置的难易程度、维护的相对难易程度、通信介质发生故障时受到影响的设备的情况。

二、拓扑结构分类

常用的拓扑结构一般有：星型、总线型、环型、树型、网状型、蜂窝型。具体内容请读者参考网络基础知识内容，在这里不再赘述。

实训案例

步骤 1：打开 Visio 2007 软件，选择模板（模板类别/工程/基本网络图）。

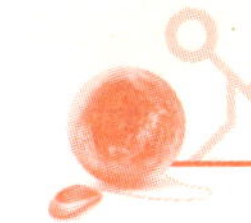

步骤 2：在形状工具栏中选择网络，并显示服务器、架装服务器、网络和外设、计算机和显示器等形状。

步骤 3：选择需要的形状，并用鼠标拖拽至模板。

步骤 4：使用线条工具连接各个形状，并调整线条的样式和宽度。

步骤 5：采用文本工具加入文字说明，如图 8—7 所示。

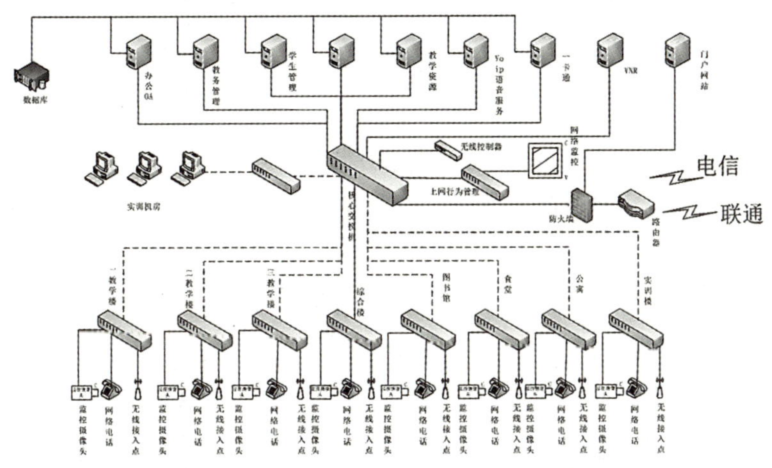

图 8—7　校园网拓扑图

步骤 6：参考本模块案例三，添加绘图信息。

案例五　施工平面图

案例描述

施工平面图体现第一教学楼总体布局，包括建筑的外形、建筑物内房间的形状和布局，以及布线所采用的材料和设备等。

学习目标

1. 了解施工平面图的组成和要求。
2. 掌握在 Visio 中绘制施工平面图。

理论知识

施工平面图反映项目的总体布局。施工平面图的图纸要求表达准确、具体，是组织施工的重要依据。如建筑形状布局要求与实物一致、图纸尺寸标注应具体标准、线缆走向和类型应符合标准等。

实训案例

步骤 1：打开 Visio 2007 软件，选择“文件/新建/工程/部件和组件绘图”。

步骤 2：设置比例尺，选择“文件/页面设置/绘图缩放比例/预定义缩放比例（公制，1∶100)”。

步骤 3：在形状工具栏中，选择“地图和平面布置图/建筑设计图/墙壁和门窗”。

步骤 4：将“房间”拖拽到图纸上，单击右键选择属性，定义房间的长和宽分别为 6 米和 3.3 米，并将窗户和门拖拽到房间上，调整其位置及大小，单击右键选择属性，对其进行其他属性的定义，如图 8—8 所示。

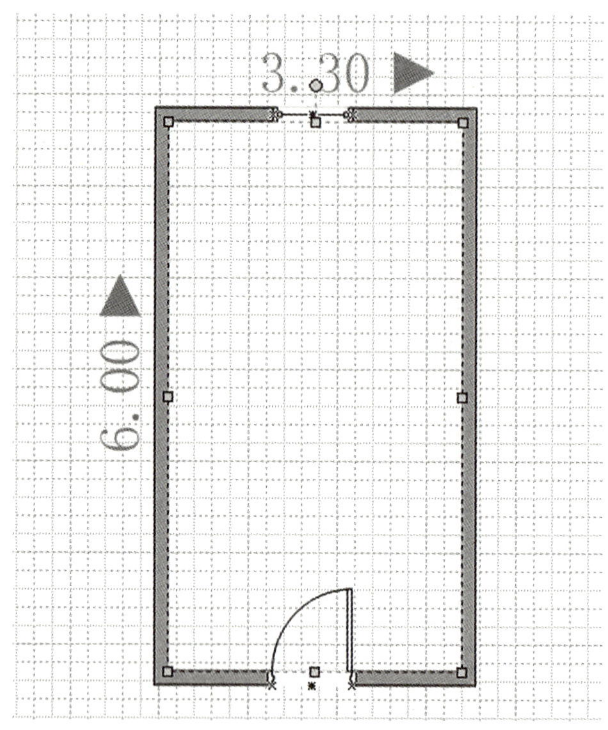

图 8—8　单房间平面图

步骤 5：复制房间，并更改属性，形成多个房间。

步骤 6：使用“墙壁”和“双门”形状补齐楼层平面图的缺失部分，使之封闭。

步骤 7：在形状工具栏中，选择“地图和平面布置图/建筑设计图/建筑物核心”，添加走道、楼梯及卫生间，并用文字工具标注各个房间的房间号，如图 8—9 所示。

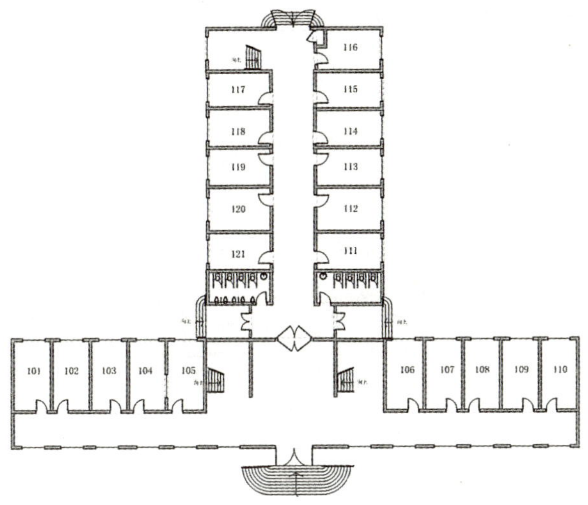

图 8—9 楼层平面图

步骤 8：为平面图添加标注，选择“形状/尺寸度量——工程”，对房间的水平及垂直进行度量标记（注意墙体厚度），如图 8—10 所示。

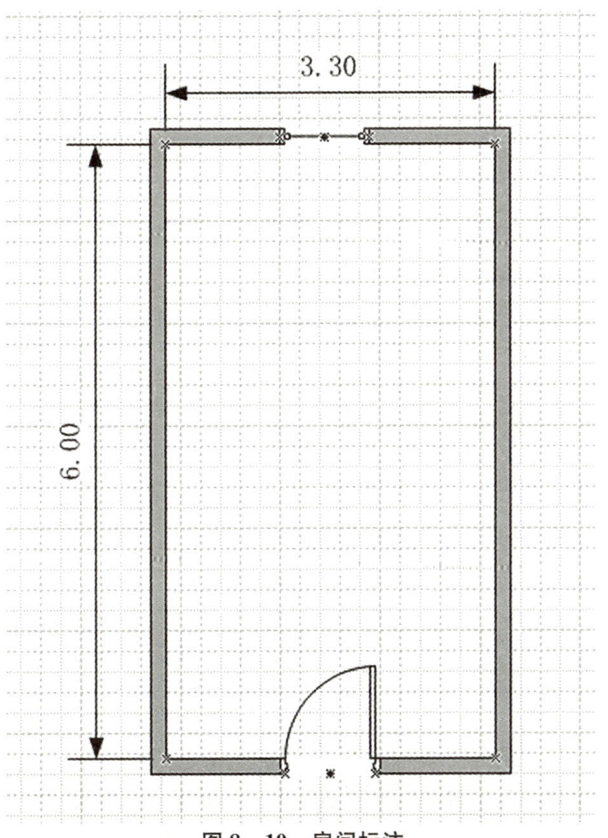

图 8—10 房间标注

步骤 9：确定楼层配线间的位置，如采用 111 房间作为楼层配线间。

步骤 10：按照星型拓扑结构进行规划，设计各个工作区到楼层配线间的路由和线缆类型，如图 8—11 所示。

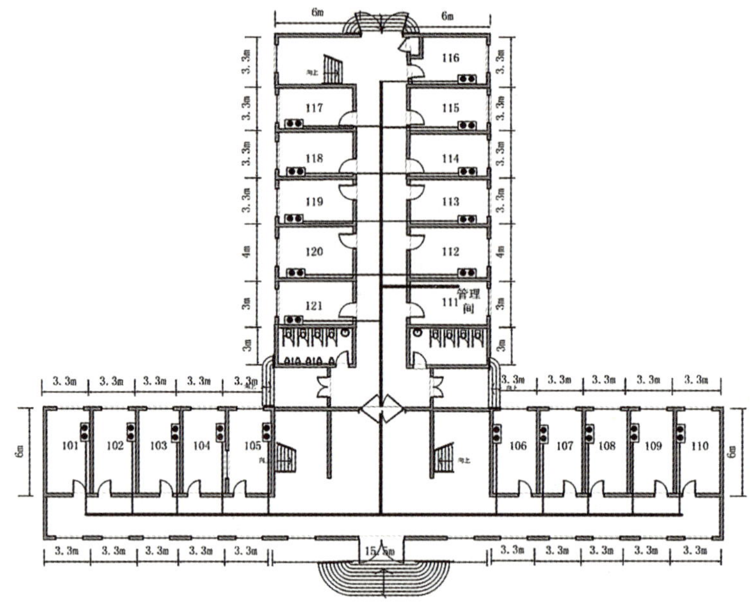

图 8—11　带信息点施工平面图

步骤 11：添加图例及比例说明，完成教学楼施工平面图。如 ●● 表示数据语音双口面板、线缆需用双绞线对数等。

案例六　信息点点数统计表

案例描述

信息点点数统计是设计初期应做的基本工作，信息点点数统计表能准确直观地描述建筑物的信息点类型和数量，是编制项目预算的基础数据。

学习目标

1. 了解信息点点数统计表的作用。
2. 掌握信息点点数统计表的设计和填写。

理论知识

一、统计表的设计依据

信息点点数统计表是在确定用户需求的基础上设计的，主要表现在确定每个工作区的信息点的类型和数量。

二、统计表的设计流程

一般先要按照楼层进行规划设计，然后按照各楼层工作区的信息点类型和数量进行填写，最后计算出整个建筑信息点的类型和数量。

实训案例

步骤 1：打开 Excel 2003 软件，将 Sheet1 工作表改名为“点数统计表”，并删除其他两张默认工作表。

步骤 2：在工作表中做出如表 8—1 所示的表结构。其中 D 表示数据点，V 表示语音点。

表 8—1　　点数统计表表结构

第一教学楼信息点点数统计表

楼层编号	房间编号																																										数据点合计	语音点合计	信息点合计
	01		02		03		04		05		06		07		08		09		10		11		12		13		14		15		16		17		18		19		20		21				
	D	V	D	V	D	V	D	V	D	V	D	V	D	V	D	V	D	V	D	V	D	V	D	V	D	V	D	V	D	V	D	V	D	V	D	V	D	V	D	V	D	V			
1楼																																													
2楼																																													
3楼																																													
4楼																																													

步骤 3：在表中填写相应楼层的各个工作区信息点数量，并计算信息点数合计，如表 8—2所示。注意 211 及 411 两个房间的信息点。

表 8—2　　　　　　　　　　　　点数统计表合计

第一教学楼信息点点数统计表

楼层编号	房间编号																																										数据点合计	语音点合计	信息点合计
	01		02		03		04		05		06		07		08		09		10		11		12		13		14		15		16		17		18		19		20		21				
	D	V	D	V	D	V	D	V	D	V	D	V	D	V	D	V	D	V	D	V	D	V	D	V	D	V	D	V	D	V	D	V	D	V	D	V	D	V	D	V	D	V			
1楼	1		1		1		1		1		1		1		1		1		1		1		1		1		1		1		1		1		1		1		1		1		21		168
		1		1		1		1		1		1		1		1		1		1		1		1		1		1		1		1		1		1		1		1		1		21	
2楼	1		1		1		1		1		1		1		1		1		1		1		1		1		1		1		1		1		1		1		1		1		21		
		1		1		1		1		1		1		1		1		1		1		1		1		1		1		1		1		1		1		1		1		1		21	
3楼	1		1		1		1		1		1		1		1		1		1		1		1		1		1		1		1		1		1		1		1		1		21		
		1		1		1		1		1		1		1		1		1		1		1		1		1		1		1		1		1		1		1		1		1		21	
4楼	1		1		1		1		1		1		1		1		1		1		1		1		1		1		1		1		1		1		1		1		1		21		
		1		1		1		1		1		1		1		1		1		1		1		1		1		1		1		1		1		1		1		1		1		21	

步骤 4：将制表信息加入到表中，形成完整的信息点点数统计表，如表 8—3 所示。

表 8—3　　　　　　　　　　　　完整的信息点点数统计表

第一教学楼信息点点数统计表

楼层编号	房间编号																																										数据点合计	语音点合计	信息点合计
	01		02		03		04		05		06		07		08		09		10		11		12		13		14		15		16		17		18		19		20		21				
	D	V	D	V	D	V	D	V	D	V	D	V	D	V	D	V	D	V	D	V	D	V	D	V	D	V	D	V	D	V	D	V	D	V	D	V	D	V	D	V	D	V			
1楼	1		1		1		1		1		1		1		1		1		1		1		1		1		1		1		1		1		1		1		1		1		21		168
		1		1		1		1		1		1		1		1		1		1		1		1		1		1		1		1		1		1		1		1		1		21	
2楼	1		1		1		1		1		1		1		1		1		1		1		1		1		1		1		1		1		1		1		1		1		21		
		1		1		1		1		1		1		1		1		1		1		1		1		1		1		1		1		1		1		1		1		1		21	
3楼	1		1		1		1		1		1		1		1		1		1		1		1		1		1		1		1		1		1		1		1		1		21		
		1		1		1		1		1		1		1		1		1		1		1		1		1		1		1		1		1		1		1		1		1		21	
4楼	1		1		1		1		1		1		1		1		1		1		1		1		1		1		1		1		1		1		1		1		1		21		
		1		1		1		1		1		1		1		1		1		1		1		1		1		1		1		1		1		1		1		1		1		21	

项目名称	绘图人	刘云举
XX市XX学校第一教学楼网络布线改造升级工程	制表时间	XX年XX月XX日
	版本号	1.1

案例七　材料预算表

案例描述

材料预算表包含了工程设计费和施工费，反映整个工程造价，是工程造价控制的主要手段和依据，也是设计文件的重要组成部分。

学习目标

1. 了解材料预算表的作用。
2. 掌握材料预算表的设计和填写。

理论知识

材料预算表的表头设计应反映材料的用途、名称及数量，并且应计算出各种材料的总预算值。

一般的，预算表中应包含项目建设的设计费、测试费、施工费及税金等内容。具体的费用金额应参考相应的法律法规及相关工程造价标准。

实训案例

步骤 1：打开 Excel 2003 软件，将 Sheet1 工作表改名为“材料预算表”，并删除其他两张默认工作表。

步骤 2：在工作表中做出如表 8—4 所示的结构。

步骤 3：在表中填入单价和数量，并用公式计算小计及设备总价。详细预算方法请参考本书模块九的内容。

表 8—4　　材料预算表结构

材料预算表

序号	材料名称	规格型号	单价（元）	单位	数量	小计（元）
1	信息插座	双口含模块		个		
2	暗盒	86 系列，塑料		个		
3	5e UTP	AMP		箱		
4	大对数线	50 对		米		
5	光纤	室内 6 芯多模		米		
6	RJ45	数据水晶头		个		
7	RJ11	语音水晶头		个		
8	数据配线架	1U 24 口，超 5 类		个		
9	语音配线架	1U		个		
10	跳线	1 米，超 5 类		根		
11	理线环	1U		个		
12	桥架	镀锌，槽式		米		
13	机柜	36U		个		
14	螺丝、标签、绑带			套		
15	设备总价：					

步骤4：在表中添加各项费用及税金，并用公式计算各项数值，最后得出工程预算总计，如表8—5所示。

表8—5　　费用及税金

15	设备总价：	
16	设计费（5%）	
17	测试费（5%）	
18	施工费（15%）	
19	税金（3.4%）	
20	总计	

步骤5：参考本模块案例六，添加制表信息。

案例八　端口对照表

案例描述

端口对照表是设计文件的重要组成部分，主要记录端口位置与端口编号的对应关系，是管理员查找和定位端口的主要手段和依据。

学习目标

1. 了解端口对照表的作用并掌握端口编号方法。
2. 掌握端口对照表的设计和填写。

理论知识

一、端口对照表的作用

端口对照表是一张记录端口位置及编号信息的二维表。在网络的日常维护过程中，管理员可以通过此表对故障端口进行快速查找和准确定位。

二、端口对照表的内容

一般的，端口对照表中应体现机柜配线架和信息点编号的对应关系，以及信息点编号与其物理位置的对应关系。

信息点编号一般采用 XYZ 表示。X 表示楼层号；Y 如取值为 D 表示数据，如取值为 V 表示语音；Z 表示编号。

实训案例

步骤 1：打开 Excel 2003 软件，将 Sheet1 工作表改名为“端口对照表”，并删除其他两张默认工作表。

步骤 2：在工作表中做出如表 8—6 所示的结构。

表 8—6　　端口对照表结构

端口对照表

楼层配线架	端口号	标签编号	编号位置	楼层配线架	端口号	标签编号	编号位置
一楼数据配线架 1#	1			一楼语音配线架 1#	1		
	2				2		
	3				3		
	4				4		
	5				5		
	6				6		
	7				7		
	8				8		
	9				9		
	10				10		
	11				11		
	12				12		
	13				13		
	14				14		
	15				15		
	16				16		
	17				17		
	18				18		
	19				19		
	20				20		
	21				21		
	22				22		
	23				23		
	24				24		

步骤 3：填写表项内容，如表 8—7 所示。

表 8—7　　一楼端口对照表

楼层配线架	端口号	标签编号	编号位置	楼层配线架	端口号	标签编号	编号位置
一楼数据配线架 1#	1	01D01	101	一楼语音配线架 1#	1	01V01	101
	2	01D02	102		2	01V02	102
	3	01D03	103		3	01V03	103
	4	01D04	104		4	01V04	104
	5	01D05	105		5	01V05	105
	6	01D06	106		6	01V06	106
	7	01D07	107		7	01V07	107
	8	01D08	108		8	01V08	108
	9	01D09	109		9	01V09	109
	10	01D10	110		10	01V10	110
	11	01D11	111		11	01V11	111
	12	01D12	112		12	01V12	112
	13	01D13	113		13	01V13	113
	14	01D14	114		14	01V14	114
	15	01D15	115		15	01V15	115
	16	01D16	116		16	01V16	116
	17	01D17	117		17	01V17	117
	18	01D18	118		18	01V18	118
	19	01D19	119		19	01V19	119
	20	01D20	120		20	01V20	120
	21	01D21	121		21	01V21	121
	22				22		
	23				23		
	24				24		

步骤 4：制作二楼端口的端口对照表，并填写表项内容，如表 8—8 所示。

表 8—8　　二楼端口对照表

楼层配线架	端口号	标签编号	编号位置	楼层配线架	端口号	标签编号	编号位置
二楼数据配线架 2#	1	02D01	201	二楼语音配线架 2#	1	02V01	201
	2	02D02	202		2	02V02	202
	3	02D03	203		3	02V03	203
	4	02D04	204		4	02V04	204
	5	02D05	205		5	02V05	205
	6	02D06	206		6	02V06	206
	7	02D07	207		7	02V07	207
	8	02D08	208		8	02V08	208
	9	02D09	209		9	02V09	209
	10	02D10	210		10	02V10	210
	11	02D11	211		11	02V11	211
	12	02D12	212		12	02V12	212
	13	02D13	213		13	02V13	213
	14	02D14	214		14	02V14	214
	15	02D15	215		15	02V15	215
	16	02D16	216		16	02V16	216
	17	02D17	217		17	02V17	217
	18	02D18	218		18	02V18	218
	19	02D19	219		19	02V19	219
	20	02D20	220		20	02V20	220
	21	02D21	221		21	02V21	221
	22				22		
	23				23		
	24				24		

步骤 5：完成三楼及四楼的端口对照表。

步骤 6：参考本模块案例六，添加制表信息。

案例九　机柜安装图

案例描述

机柜安装图主要体现设备在机柜中的安装位置及顺序，是施工人员安装机柜设备的重要参考依据。

学习目标

1. 了解机柜安装图的作用。
2. 掌握在 Visio 中绘制机柜安装图。

理论知识

一、设备安装的一般规律

在机柜中安装的设备一般为 1U。安装过程应该遵照同种设备集中安装的规律，也就是说，多个同种设备应顺序安装，不同种设备应留有空隙加以区分，且不应出现交叉现象。另外，设备一般都安装在机柜中间位置，这样既方便安装施工，也可以为其他设备提供冗余空间。

二、关于冗余的说明

一般来说，机柜的上、下部应留有一定的冗余空间，主要是考虑设备的添加更换，另外也考虑到设备的散热问题。

实训案例

步骤 1：打开 Visio 2007 软件，选择“文件/新建/工程/部件和组件绘图”。

步骤 2：在“绘图工具形状”中选择矩形工具绘制配线架的端口，并通过属性调整矩形的透明度，如图 8—12 所示。由于 Visio 中无配线架端口图标，所以需要通过多个矩形进行叠加生成。

步骤 3：复制端口，形成 24 个端口。

步骤 4：利用矩形和圆工具，绘制设备外形，如图 8—13 所示。

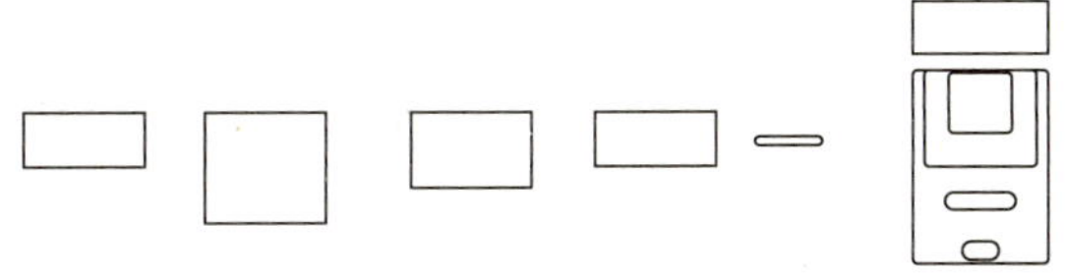

图 8—12　配线架端口

图 8—13　设备外形

步骤 5：将端口和设备外形拼合，形成完整的数据配线架，如图 8—14 所示。

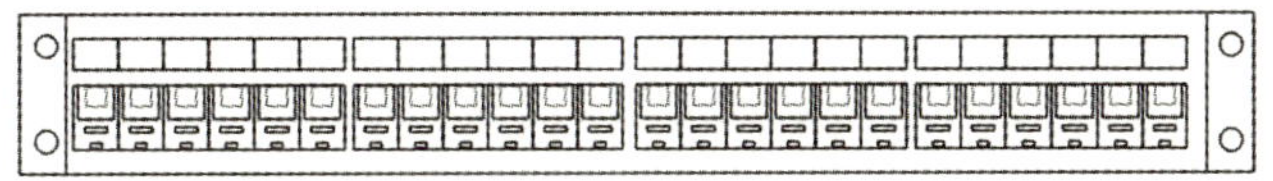

图 8—14　完整数据配线架

步骤 6：制作完整的 110 语音配线架，如图 8—15 所示。

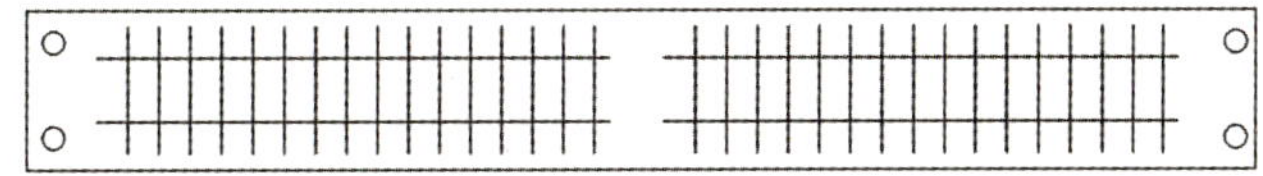

图 8—15　完整语音配线架

步骤 7：绘制机柜，注意机柜的宽度和配线架的宽度需一致。

步骤 8：将配线架及机柜重合，添加配线架文字说明，如图 8—16 所示。

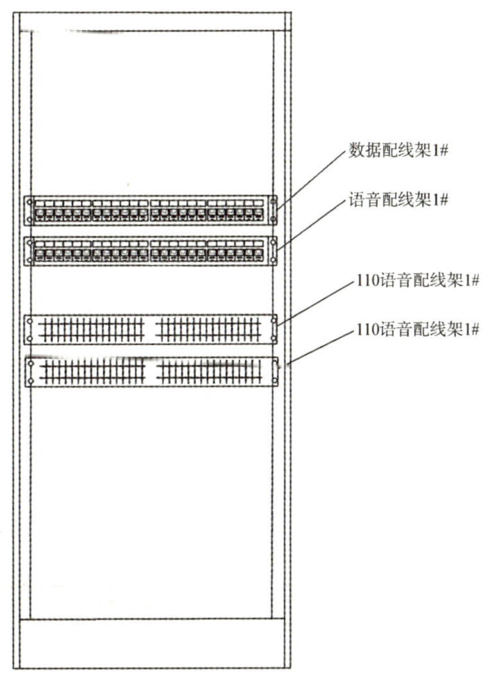

图 8—16　机柜安装图

步骤 9：如需其他设备，如交换机、路由器及服务器等设备，请读者自行添加。

步骤 10：参考本模块案例三，添加图例说明等，并将冗余空间 U 数及设备占用空间 U 数在图中标明。

步骤 11：参考本模块案例三，添加绘图信息。

案例十　施工进度表

案例描述

施工进度表主要用于对工程施工进度的控制，是工程工作次序的参照标准，对工程按时完成起到积极的作用。

学习目标

1. 了解施工进度表的作用。
2. 掌握施工进度表的设计和填写方法。

理论知识

施工进度表反映整个工程分项工作的工作次序及时间段，是工程施工进度控制的重要依据。

施工进度表应按照合同约定的工期进行编制，并按分项工作节点制作。不应出现先后顺序分项工作节点在时间上存在次序倒序的情况。

实训案例

步骤 1：打开 Excel 2003 软件，将 Sheet1 工作表改名为“施工进度表”，并删除其他两张默认工作表。

步骤 2：在工作表中做出如表 8—9 所示的表结构。

表 8—9　　施工进度表结构

××学校第一教学楼布线工程施工进度表

时间 / 项目	××年××月															
	1	3	5	7	9	11	13	15	17	19	21	23	25	27	29	31
签订合同																

续前表

时间 项目	××年××月															
	1	3	5	7	9	11	13	15	17	19	21	23	25	27	29	31
现场考察技术交底																
设计及审核																
设备采购及验收																
主干（BD—FD）敷设																
水平系统敷设																
机柜设备安装																
信息点安装端接																
测试																
验收、交付使用																

步骤 3：填写表格，可以填充底纹或添加直线。

步骤 4：参考本模块案例六，添加制表信息。

模块小结

本模块主要介绍了综合布线工程中常用的图表和文档的组成及设计方法。需要注意的是，在综合布线工程中，从设计、施工到竣工还需填写大量的图表和文档，请读者参考相关资料。

练习

1. 完成本章案例设计内容。

2. 请读者以自己学校的教学楼或宿舍楼为例，规划设计出系统图、拓扑图、施工平面图、信息点点数统计表及端口对照表。

●模块九

预　算

综合布线系统工程预算是综合布线设计环节的一部分，它对综合布线项目工程的造价估算和投标报价，以及后期的工程决算都有很大的影响。需要注意的是，对于使用的耗材材料应留有富余。

××市××学校第一教学楼共 4 层，楼长 48.5 米，楼宽 19 米，楼层高 3 米。根据用户的需求，需要设计及安装综合布线系统，1 楼和 3 楼设置管理间，在综合布线系统上传输的信号种类为数据和语音，每个信息点的功能要求在必要时能够进行语音、数据通信的互换使用。教学楼平面图请参考模块八的图 8—11。

案例一　工作区子系统预算

案例描述

××市××学校第一教学楼在进行网络布线升级改造工程时，每个房间使用双口面板，同时支持语音和数据信号的传输。工作区子系统需要对使用的各种材料进行预算。

学习目标

1. 了解工作区子系统预算的内容。
2. 掌握预算方法。

理论知识

一、使用材料规划

工作区子系统在预算时，应注意工作区的数据类型，数据点和语音点应分开计算。另外，需要按照用户需求选购面板种类。一般模块富余量应为3%，水晶头富余量应为15%。在本案例中，为了计算方便略去富余量的计算，请读者自己添加。

二、预算方法

工作区子系统一般需计算房间数量及每个房间的点数，既可以现场计算，也可以根据信息点点数统计表进行计算。

实训案例

步骤1：按照信息点点数统计表统计信息点个数。第一教学楼共4层，本楼总计168个信息点，设计每层21个双口信息点。

步骤2：本楼工作区子系统合计共84（＝21×4）个双口插座面板；数据模块84个；语音模块84个。

需要注意的是，在各子系统中的双绞线跳线及水晶头可以单独计算采购。

步骤3：填写工作区材料清单表，如表9—1所示。

表9—1 工作区材料清单表

序号	名称	数量
1	双口RJ45插座面板	84个
2	86系列暗装底盒	84个
3	数据模块	84个
4	语音模块	84个

案例二　水平配线子系统预算

案例描述

第一教学楼在进行网络布线升级改造工程时，水平配线子系统在布线过程中需要使用超5

类4对UTP电缆、桥架及PVC线管，水平配线子系统需要对使用的各种材料进行预算。

学习目标

1. 了解水平配线子系统预算的内容。
2. 掌握预算方法。

理论知识

一、使用材料规划

根据用户需求，各信息点语音和数据点在必要时能互相切换，因此在进行水平配线子系统布线时语音点和数据点布线都采用超5类4对UTP电缆，主干楼道线路采用桥架，入户线路采用PVC管。

二、预算方法

本工程根据用户信息点布置需求和建筑物平面图，计算每一个信息点的使用线长，计算总线长。在计算每根线长的时候，要考虑是否有超长线缆。

估算线长方法：平均线长为L=（Lmax+Lmin）/2；线缆总长=L×信息点点数，同时取10%富余量。Lmax和Lmin为楼层配线架到最远及最近信息点距离。

另外一种估算方法为：平均线长为L=（Lmax+Lmin）/2；线缆总长=（L+6）×信息点点数。

实训案例

步骤1：通过平面图得出最远线缆长度为38米，最近线缆长度为12米。信息点数量为168个。

步骤2：工程需要线缆总长为（38+12）÷2×168×1.1=4 620（米）。

步骤3：4对UTP线缆单位为箱，1箱=305米，因此在该系统中所需线缆为16箱。

步骤4：通过平面图得出每层需要桥架为78米，PVC管为126米；四层总计需要桥架312米，PVC管504米。

步骤5：填写水平配线子系统材料清单，如表9—2所示。

表9—2　　水平配线子系统材料清单

序号	名称	数量
1	超5类4对UTP电缆	16箱
2	桥架	312米
3	PVC管	504米

案例三 管理间子系统预算

案例描述

由于各楼层语音点和数据点较少，所以只在 1、3 层设置楼层管理间子系统。本工程各管理间子系统设于弱电井附近房间，管理着以下设施：语音水平进线、数据水平进线、语音主干线缆、数据主干线缆、交换设备。管理间子系统需要对使用的各种材料及设备仪器进行预算。

学习目标

1. 了解管理间子系统预算的内容。
2. 掌握预算方法。

理论知识

一、使用材料及设备规划

管理间是楼层工作区数据的交换中心，也是楼层之间的数据交换节点，一般需要高频模块管理语音接线并使用配线架进行线缆端接。对于语音线路，一般使用 3 类大对数线缆。考虑到流量带宽，管理间和设备间连接需使用光纤。

二、预算方法

（一）语音点水平线缆管理

每个管理间管理 2 层楼共 42 个语音点进线，采用高频模块管理接线。每个高频模块打接 50 根线，可端接 6 根超 5 类 4 对 UTP 电缆，因此，语音水平线缆所需高频模块为 7 个。

（二）数据点水平线缆管理

每个管理间管理 2 层楼共 42 个数据点进线，采用配线架管理接线。配线架有 12 口、16 口、24 口和 48 口等多种规格供组合选择。选择 2 个 24 口配线架分别管理 2 个楼层，预留 6 个端口，每个配线架配置一个理线架。

（三）语音主干线缆的管理

语音主干采用 3 类 50 对大对数 UTP 电缆，每个管理间有 42 个语音点，需要 1 根 3 类 50 对大对数 UTP 电缆作为主干，同时需要 1 个 50 回线高频模块端接。

（四）数据主干线缆的管理

数据主干采用一根 6 芯多模光缆，2 个配线架配套设备需要 1 套 12 口光纤分线盒、ST 法兰适配器 6 个、ST 尾纤 6 根。

实训案例

步骤 1：每个高频模块端接 6 根线缆，即 6 个语音点，42 个语音点共需 7 个 25 回线高频模块，2 个管理间共需要 14 个模块；另外 2 个管理间需要 2 个 50 回线高频模块及 1 个 250 回背线架。

步骤 2：采用 24 口配线架，42 个信息点共需 2 个管理架及 2 个理线架。2 个管理间共需 4 个配线架和 4 个理线架。

步骤 3：2 个管理间需要 2 套光纤分线盒、12 个 ST 法兰适配器及 12 根 ST 尾纤。

步骤 4：填写两个管理间子系统材料清单（见表 9—3）。

表 9—3　管理间子系统材料清单

序号	名称	数量
1	25 回线高频模块	14 个
2	50 回线高频模块	2 个
3	250 回背线架	1 个
4	24 口配线架	4 个
5	理线架	4 个
6	光纤分线盒	2 套
7	ST 法兰适配器	12 个
8	ST 尾纤	12 根
9	防尘罩	4 个
10	19″配线柜	2 个

案例四　垂直干线子系统预算

案例描述

垂直干线子系统是建筑物内综合布线的主干线缆。第一教学楼数据主干采用 6 芯多模

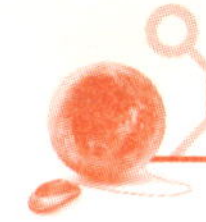

光缆，语音主干采用 3 类 50 对大对数 UTP 电缆。垂直子系统根据楼层高度对光纤及大对数线进行预算。

学习目标

1. 了解垂直子系统预算的内容。
2. 掌握预算方法。

理论知识

一、使用材料及设备规划

垂直子系统一般使用光纤及大对数线缆，在实际敷设过程中还需要加装金属管道或桥架保护。在第一教学楼的布线中，垂直子系统采用 PVC 管暗埋方式进行敷设。

二、预算方法

垂直子系统中光纤一般和大对数线缆的长度相同，但考虑到光纤的曲率半径，实际预算应略有富余。另外，垂直子系统的管道材料也应与线缆长度基本一致。

实训案例

步骤 1：通过实际测量得出教学楼每层高 3 米，在有富余量的情况下确定预算为 10 米。

步骤 2：PVC 线管预算 10 米。

步骤 3：填写垂直干线子系统材料清单（见表 9—4）。

表 9—4　垂直干线子系统材料清单

序号	名称	数量
1	6 芯多模光缆	10 米
2	3 类 50 对大对数 UTP 电缆	10 米
3	PVC 线管	10 米

步骤 4：汇总并填写第一教学楼综合布线材料清单（见表 9—5）。

表 9—5　第一教学楼综合布线材料清单

序号	名称	数量
1	双口 RJ45 插座面板	84 个
2	RJ45 插座模块	168 个

续前表

序号	名称	数量
3	超 5 类 4 对 UTP 电缆	16 箱
4	桥架	312 米
5	PVC 管	514 米
6	25 回线高频模块	14 个
7	50 回线高频模块	2 个
8	250 回背线架	1 个
9	24 口配线架	4 个
10	理线架	4 个
11	光纤分线盒	2 套
12	ST 法兰适配器	12 个
13	ST 尾纤	12 根
14	防尘罩	4 个
15	6 芯多模光缆	10 米
16	3 类 50 对大对数 UTP 电缆	10 米
17	19″配线柜	2 个

步骤 5：填写综合布线预算表（见表 9—6）。

表 9—6　　综合布线预算

序号	名称	单价（元）	数量	金额（元）
1	双口 RJ45 插座面板	4	84 个	336
2	RJ45 插座模块	15	84 个	1 260
3	语音插座模块	15	84 个	1 260
4	超 5 类 4 对 UTP 电缆	750	16 箱	12 000
5	桥架	50	312 米	15 600
6	PVC 管	3.5	514 米	1 799
7	25 回线高频模块	20	14 个	280
8	250 回背线架	48	1 个	48
9	24 口配线架	550	4 个	2 200
10	理线架	260	4 个	1 040
11	光纤分线盒	70	2 套	140
12	ST 法兰适配器	10	12 个	120

续前表

序号	名称	单价（元）	数量	金额（元）
13	ST 尾纤	15	12 根	180
14	防尘罩	150	4 个	600
15	6 芯多模光缆	60	10 米	600
16	3 类 50 对 UTP 电缆	25	10 米	250
17	19″配线柜	2 850	2 个	5 700
18	设备总价			43 413
19	设计费（设备总价的 5%）			2 170
20	测试费（设备总价的 5%）			2 170
21	督导费（设备总价的 5%）			2 170
22	施工费（设备总价的 15%）			6 512
23	税金（设备总价的 3.4%）			1 476
24	总计			57 911

模块小结

本模块通过案例方式讲解综合布线各个子系统中所使用的材料设备及其预算方法，并重点描述完整的预算过程。

练习

1. 请以你所在学校的宿舍楼或教学楼为例，规划每个房间的数据点及语音点位置并确定楼层配线间的位置。

2. 通过实际测量获取建筑的相关距离参数。

3. 对建筑综合布线按照本章案例需求编制工程预算。

模块十

综合布线技能大赛案例

案例描述

某著名集团公司因业务需要，现需租借一套 2 层商务楼作为集团新增办公环境使用，需在 1、2 层分别设一个配线间，整栋楼设一个楼层分线箱。由于传输性能需求，主干链路使用光纤、大对数线缆来满足使用需求。

学习目标

1. 了解技能大赛完整案例的规划、设计和施工要求。
2. 掌握案例操作内容。

实训案例

一、注意事项

（1）请按照表 10—1 所示的比赛环境，检查比赛中使用的硬件、连接线等设备、材料和软件是否齐全，计算机设备是否能正常使用。

（2）禁止携带和使用移动存储设备、运算器、通信工具及参考资料。

（3）操作过程中，需要及时保存设备配置。比赛过程中，不要对任何设备添加密码。

（4）比赛完成后，比赛设备、比赛软件和比赛试卷请保留在座位上，禁止带出考场外。

（5）仔细阅读比赛试卷，分析需求，按照试卷要求进行设备配置和调试。

（6）比赛时间为 180 分钟。

表 10—1　　**软硬件环境表**

序号	类别	设备名称	型号	单位	数量
1	硬件	钢制实训墙组	QX-PAW-L1.1	面	5
2	硬件	光纤性能测试实训装置	QXPLD-PX13-A	套	1
3	硬件	光纤性能测试实训装置	QXPLD-PX13-B	套	1
4	硬件	综合布线工具箱	QXPNT-13-1	套	1
5	硬件	光纤工具箱	QXPNT-13-2	套	1
6	硬件	电动工具箱	QXPNT-13-3	套	1
7	硬件	人字梯	国产	把	1
8	硬件	网线	国产	箱	1
9	硬件	皮线光缆	国产	米	80
10	硬件	25 对大对数	国产	米	40
11	硬件	光纤快速连接器	国产	个	40
12	硬件	水晶头	国产	个	70
13	硬件	网络模块	国产	个	25
14	硬件	电话模块	国产	个	25
15	硬件	86 底盒（明）	国产	个	22
16	硬件	86 底盒（暗）	国产	个	3
17	硬件	双口面板	国产	个	25
18	硬件	20PVC 线槽（含配件）	国产	米	30
19	硬件	40PVC 线槽（含配件）	国产	米	30
20	硬件	Φ20PVC 线管（含配件）	国产	米	30
21	硬件	Φ50PVC 线管（含配件）	国产	米	8
22	硬件	十字螺丝	国产	个	200
23	硬件	机柜螺丝	国产	个	100
24	硬件	4 号尼龙扎带	国产	根	200
25	硬件	标签扎带	国产	个	100
26	硬件	标签纸	国产	袋	1
27	硬件	记号笔	国产	支	3
28	硬件	安全帽	国产	只	3
29	软件	Microsoft Office			1
30	软件	Auto CAD			1
31	软件	Microsoft Visio			1
32	软件	Microsoft Windows xp			1

二、安装图

安装图如图 10—1 所示。

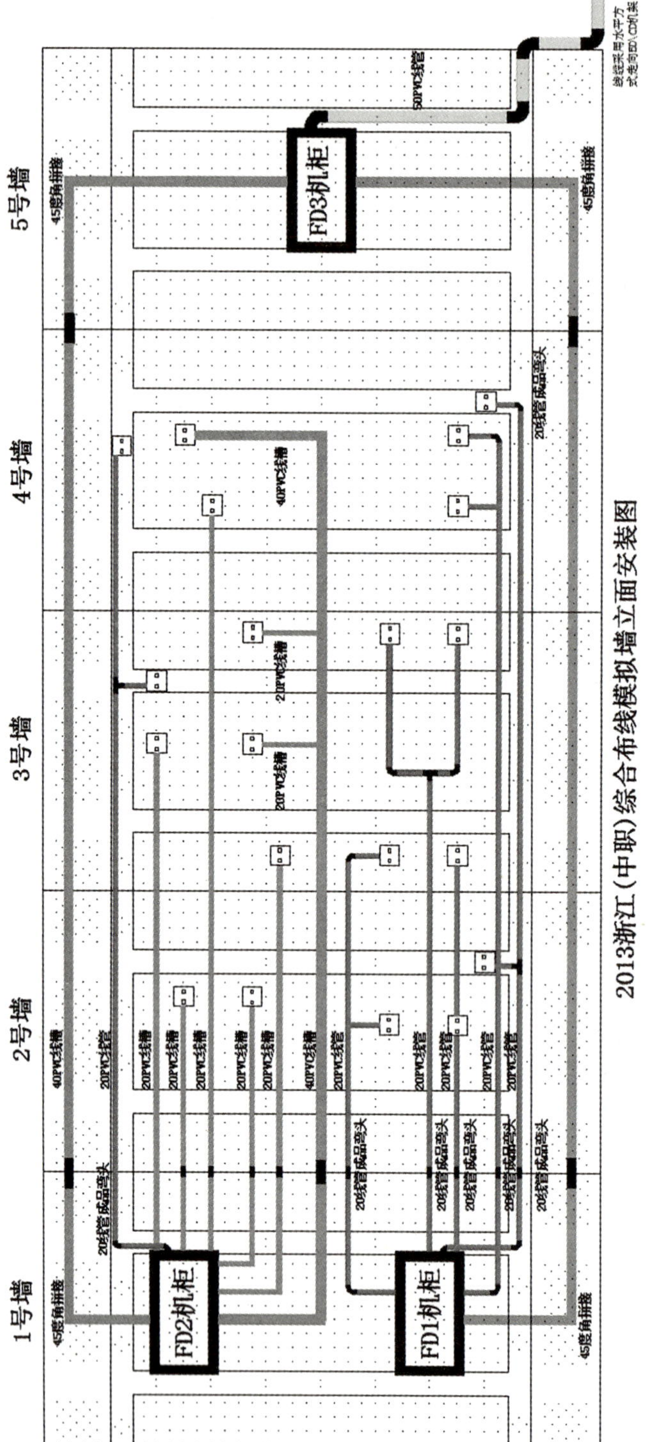

2013浙江（中职）综合布线模拟墙立面安装图

图10—1 安装图

三、光纤网布线及安装

第一，完成光纤配线架的上架安装。

第二，按图 10—1、图 10—2 要求，完成 BD—FD3 主干光缆敷设。

主干链路安装 1 根 PVC 线管 Φ50mm，Φ50mm 线管（与大对数合用）中敷设的线缆进 6U 机柜。墙体至 BD 机柜部分线管贴地敷设，主干光纤采用 4 根 1 芯皮线光缆敷设，并使用冷压方式制作光纤 SC 冷压接头，光纤整理入 BD 光纤配线架 1～4 号端口和 FD3 光纤配线架 1～4 号端口，制作标签。

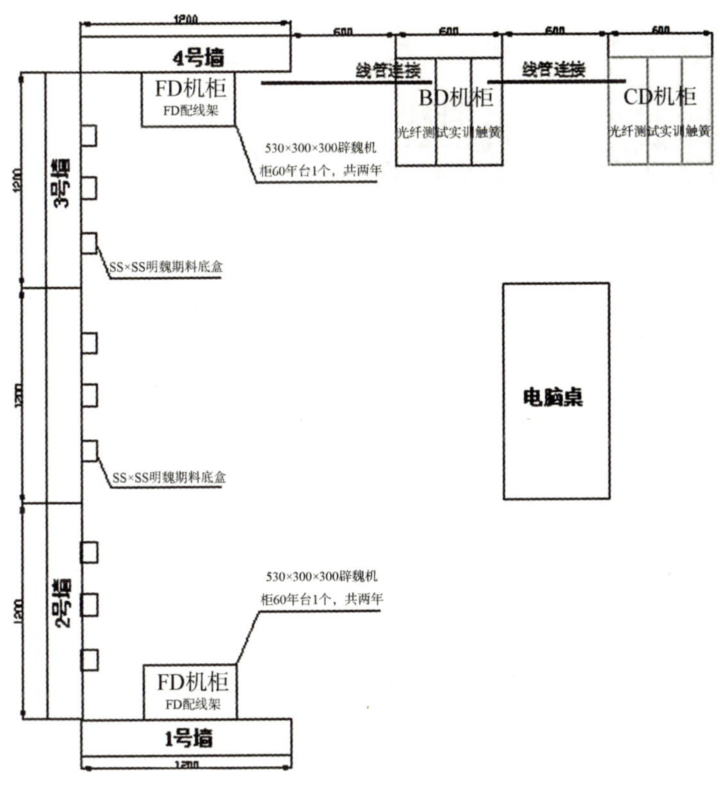

图 10—2　安装俯视图

第三，完成 CD—BD 主干光缆敷设。

主干链路安装 1 根 PVC 线管 Φ50mm，Φ50mm 线管（与大对数合用）中敷设的线缆进 6U 机柜。BD 至 CD 机柜部分线管贴地敷设，主干光纤采用 4 根 1 芯皮线光缆敷设，并使用冷压方式制作光纤 SC 冷压接头，光纤整理入 CD 光纤配线架 1～4 号端口和 BD 光纤配线架 1～4 号端口，制作标签。

第四，完成 FD3—FD1 楼层光纤敷设。

楼层链路管材采用 40 线槽，楼层光纤采用 2 根 1 芯皮线光缆敷设，使用冷压方式制作光纤 SC 冷压接头，光纤整理入 FD1 光纤配线架 1～2 号端口和 FD3 光纤配线架 1～2 号端口，配线架上架，并制作标签。

第五，完成 FD3—FD2 楼层光纤敷设。

楼层链路管材采用 40 线槽，楼层光纤采用 2 根 1 芯皮线光缆敷设，使用冷压方式制作光纤 SC 冷压接头，光纤整理入 FD2 光纤配线架 1～2 号端口和 FD3 光纤配线架 3～4 号端口，配线架上架，并制作标签。

第六，制作光纤跳线。

冷接方式制作 4 根 SC—SC 光纤 1 米跳纤，要求成品后差异小于等于 2 厘米。

第七，按要求对链路敷设的光缆进行绑扎整理。

四、建筑群布线系统、办公及家庭网络布线

（一）建筑群子系统布线

（1）按照设计要求，完成 CD、BD 机柜内语音配线架等设备的安装。

（2）完成 BD—CD 主干大对数电缆敷设，主干链路安装 1 根 PVC 线管 Φ50mm，Φ50mm 线管（与光缆合用）中敷设的线缆进 6U 机柜。BD 至 CD 机柜部分线管贴地敷设，主干大对数采用 25 对大对数电缆敷设，选择对应色谱端接至 BD 语音配线架 1～50 号端口、CD 语音配线架 1～50 号端口。

（3）完成 BD—FD3 主干大对数电缆敷设，主干链路安装 1 根 PVC 线管 Φ50mm，Φ50mm 线管（与光缆合用）中敷设的线缆进 6U 机柜。墙体至 BD 机柜部分线管贴地敷设，主干大对数采用 25 对大对数电缆敷设，选择对应色谱端接到 BD 语音配线架 1～50 号端口、FD3 语音配线架 1～50 号端口。

（4）制作配线架标签。

（5）按要求对链路敷设的大对数电缆进行绑扎整理。

（二）办公及家庭网络布线

（1）完成 FD3—FD1 楼层大对数电缆敷设，楼层链路管材采用 40 线槽，楼层干线采用 25 对大对数电缆敷设，端接到 FD3 语音配线架 1～25 号端口、FD1 语音配线架 1～25 号端口。

（2）完成 FD3—FD2 楼层大对数电缆敷设，楼层链路管材采用 40 线槽，楼层干线采用 25 对大对数电缆敷设，端接到 FD3 配线架 26～50 号端口、FD2 语音配线架 1～25 号端口。

（3）按照设计要求，完成 FD1、FD2 机柜内网络配线架、110 配线架的上架安装。

（4）使用指定型号 PVC 线管和线槽完成：FD1 至终端信息面板、FD2 至终端信息面板路由敷设。

（5）完成 FD1 壁装机柜内配线架的安装，完成 FD1 壁装机柜 24 口配线架 1～10 号端口端接，完成 FD1 语音信息点到 110 配线架的端接，要求与大对数匹配。模块端接线序统一按照 568B 和电话模块端接方法进行端接，做好标签。

（6）完成 FD2 壁装机柜内配线架的安装，完成 FD2 壁装机柜 24 口配线架 1～10 号端

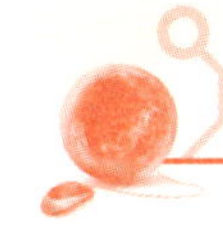

口端接，完成FD2语音信息点到110配线架的端接，要求与大对数匹配。模块端接线序统一按照568B和电话模块端接方法进行端接，做好标签。

（7）完成模拟墙上底盒的安装。

（8）完成终端信息点的端接工作。

（9）完成信息面板的安装。

（10）完成FD1、FD2配线架到信息面板的线缆敷设，要求FD1、FD2壁装机柜内线缆预留50～60厘米，工作区面板预留线缆3～5厘米。

（11）FD1、FD2终端共20个底盒及面板安装，要求安装位置正确。

（12）除了图示要求使用的成品三通之外，均自行制作弯头。

（13）所有面板、路由布线必须做好标签。

五、综合布线系统端接测试与安装

（一）网络跳线制作和线序测试

现场制作6根网络跳线，其中：2根为568B—568B线序，每根长度为600毫米；4根为568A—568B线序，每根长度为500毫米。

制作完毕后在“企想”综合布线铜缆配线实训装置上进行线序和通断测试。要求：跳线长度符合要求，线序正确，压接护套到位，剪掉牵引线。

（二）测试链路和线序

按照图10—3所示，在标记BD的铜缆配线实训装置上，在每个25对110配线架上模块的第一个4对块位置，依次完成4组测试链路的端接。要求：每段双绞线长度合适，端接处拆开长度合适，端接位置合适，线序正确，剪掉牵引线。

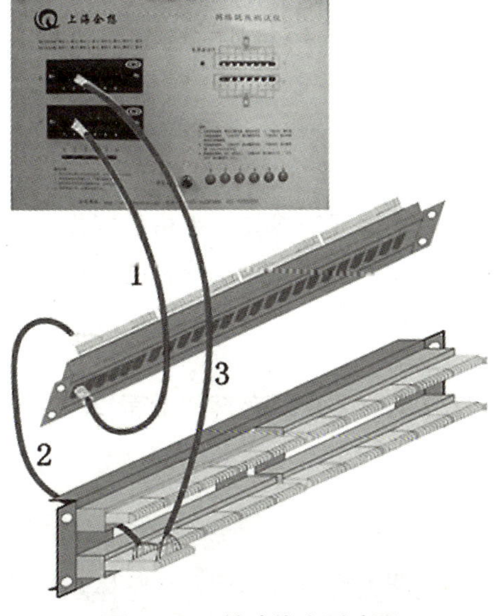

图10—3　链路线序测试图

每组包括 3 根跳线和端接 6 次，其中 5 对连接块上下端接共 2 次，RJ45 头端接 3 次（568B 线序），RJ45 模块端接 1 次。

（三）复杂永久链路和模块端接

按照图 10—4 所示，在标有 BD 的铜缆配线实训装置上完成 6 组复杂永久链路布线和端接，端接次序从左向右，不允许中间留空。要求：每段双绞线长度合适，端接处拆开双绞线长度合适，端接位置合适，线序正确，剪掉牵引线。

每组 3 根跳线，端接 6 次，其中 5 对连接块端接共 4 次，RJ45 头端接 1 次（568B 线序），RJ45 模块端接 1 次。

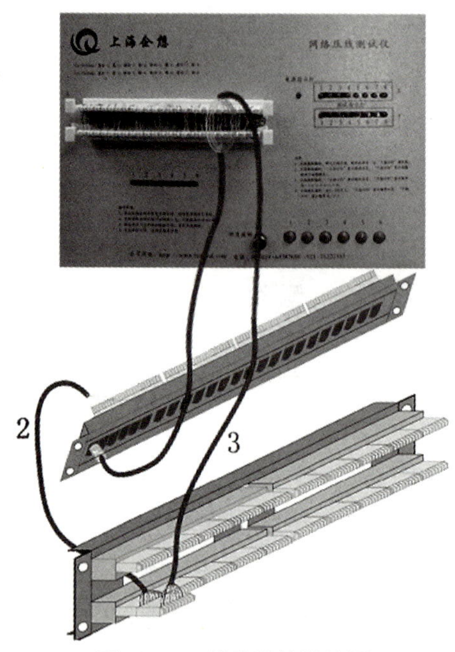

图 10—4 链路模块端接图

六、工程管理项目

（1）根据设计和安装施工现场情况完成如下表格的制作：信息点点数统计表、端口对应表、材料预算表、工程进度表、系统拓扑图、项目施工设计布局图。

（2）编写项目竣工总结报告，要求报告名称正确，封面竞赛组编号正确，封面日期正确，内容清楚和完整。

（3）竣工资料全部为电子文档，要求保存至“桌面/竣工资料文件夹”中。

模块小结

本模块主要列举综合布线技能大赛项目案例，完整体现从项目设计、施工到测试的内

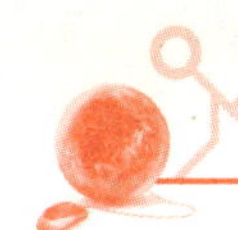

容和流程。

练习

1. 完成本模块案例施工内容。
2. 完成本模块案例文档设计内容。

参考文献

[1] 王公儒编著．网络综合布线系统工程技术实训教程（第 2 版）．北京：机械工业出版社，2012.

[2] 刘天华，孙阳，黄淑伟编．网络系统集成与综合布线．北京：人民邮电出版社，2008.

[3] 康瑞锋主编．网络工程与综合布线实用教程．南京：东南大学出版社，2008.

[4] 王磊，罗高美，秦川编著．网络综合布线实训教程．北京：中国铁道出版社，2009.

[5] 何文生，温晞编著．网络综合布线技术（第 2 版）．北京：电子工业出版社，2011.

[6] 张宜编著．综合布线系统应用技术．北京：电子工业出版社，2007.